이것이 **엉겅퀴다**

This is Thistle

이것이 엉겅퀴다(This is Thistle)

발행일   2021년 5월 12일

지은이   경찬호
펴낸이   손형국
펴낸곳   (주)북랩
편집인   선일영   편집   정두철, 윤성아, 배진용, 김현아, 박준
디자인   이현수, 한수희, 김윤주, 허지혜   제작   박기성, 황동현, 구성우, 권태련
마케팅   김회란, 박진관
출판등록 2004. 12. 1(제2012-000051호)
주소   서울특별시 금천구 가산디지털 1로 168, 우림라이온스밸리 B동 B113~114호, C동 B101호
홈페이지 www.book.co.kr
전화번호 (02)2026-5777   팩스   (02)2026-5747

ISBN   979-11-6539-759-3 03520 (종이책)   979-11-6539-760-9 05520 (전자책)

(주)북랩 성공출판의 파트너
북랩 홈페이지와 패밀리 사이트에서 다양한 출판 솔루션을 만나 보세요!
홈페이지 book.co.kr   •   **블로그** blog.naver.com/essaybook   •   **출판문의** book@book.co.kr

작가 연락처 문의 ▸ ask.book.co.kr
작가의 연락처는 개인정보이므로 북랩에서 알려드릴 수가 없습니다.

잡초에서 약초로 거듭난 엉겅퀴, 그 재배부터 활용까지

이것이 **엉겅퀴다**
This is Thistle

경찬호 지음

몸을 뒤덮은 털, 톱니 모양의 잎과 가시까지 갖춘 산야초 엉겅퀴.
천연 건강식품에 대한 관심이 높아지면서 국내외 의학계로부터 주목받는 귀한 몸이 되었다.
엉겅퀴 전문가가 들려주는 엉겅퀴 재배방법과 효능.

부크크book Lab

책머리에

엉겅퀴란 도대체 무엇인가?

**성분은 무엇이며 어떻게 활용할 수 있는지와 또 우리나라 엉겅퀴
는 어떻게 생겼는지, 또한 비슷한 것은 어떻게 구별하는지 그리고
엉겅퀴를 어떻게 하면 재배하고 수확하는지**에 대한 답으로 『이것이
엉겅퀴다(This is thistle)』란 책을 세상에 선보이게 되었다.

20년 가까이 근무하던 지방공기업을 뒤로하고, 나 자신의 찌든 심
신과 고착된 사고를 털어버리기 위해 산촌으로 들어가자 마음을 정
하고 서울서 멀리멀리 떨어진 경상도 북부 내륙에 깊숙이 파묻히게
되었다. 어느 정도 시간이 지난 어느 날엔가 우연한 기회에 보따리
에 싸여 있던 약초서적을 뒤적이다가 어렸을 때 늘 보았던 우리 생
활 주변에 자생하고 있던 엉겅퀴의 우수한 약성을 알게 되었다. 이
무렵 난 나의 인생에 Turning point가 필요했고, 남은 생을 오롯
이 엉겅퀴에만 쏟기로 마음을 굳혔다. 시골 태생인 필자가 엉겅퀴에

만 집착할 수 있었던 것도 약용식물, 아니 약초(藥草)라는 것은 알려면 확실하게 알아야 한다는 고집도 있었다. 어디에 무엇이 좋다든가 아니면 어디에 무슨 약초를 먹었더니 병이 나았다는 둥, 떠다니는 불확실한 자료들을 과신 내지 맹신한 결과가 참혹함을 주위에서도 많이 보았기에, 약초 중 하나만이라도 확실하게 정리하고 싶었다. 약초에 대하여 백화점식으로 두루 언급하는 것이 아닌 특정한, 그 한 품종만을 집중적으로 심도 있게….

　필자는 후자를 택해 오직 엉겅퀴만을 깊이 파보기로 하였다. 엉겅퀴에 대한 개념이나 구분을 정리하여 수록하고 있는 책이 현재까지는 없었다. 그래서 우리나라의 산야에 산재돼 있는 엉겅퀴를 일목요연하게 정리하여 엉겅퀴에 관심이 있는 사람들과 엉겅퀴를 활용하고자 하는 사람들이 유용하게 참고하도록 구분하여 정리하게 되었다. 귀촌 두 해째부터 엉겅퀴와 관련된 서적이나 신문, 잡지 등을 구해 공부하였고, 대구약령시장을 비롯하여 서울 경동시장, 청주 육거리시장, 금산 인삼시장 등 여러 곳을 찾아 엉겅퀴의 거래 실태와 엉겅퀴에 대한 상인들의 인식 등을 직접 대화를 통해 배웠다. 엉겅퀴를 재배해보고 싶어서 씨를 찾아 거주하던 주위의 고산, 야산 할 것 없이 장화 밑창이 종잇장이 되도록 섭렵한 끝에 얼마 되지는 않지만 엉겅퀴, 고려엉겅퀴, 큰엉겅퀴, 지느러미엉겅퀴 등의 씨를 확보하였다. 다음으로 능선에 딸린 조그마한 산과 밭을 구해 직접 실험재배를 하며 연구·관찰한 생생한 내용과 활용방법, 약효 등을 알기 쉽게, 그리고 누구나 재배하기 쉽게 사진 등을 곁들여보았다.

시작한 지 벌써 십수 년이 훌쩍 지나가고 그동안의 결실이 이렇게 글로 탄생할 수 있었다. '十年有成'이라 했다. 그 유명한 말콤 글래드웰의 '1만 시간의 법칙'을 찾지 않더라도 '어떤 일이건 뜻을 세워 십 년을 파면 못 이룰 일이 없다' 하지 않았던가.

곡절도 숱하게 생겼었다. 10년째던가 2018년 8월 중순쯤 새벽 2시쯤 거의 다 완성되어갈 무렵인데 마지막 저장을 하려고 Ctrl+S를 눌렀더니 USB가 터져, 다 날려보내기도 하였다. 그래도 좌절하지 않고 새로운 마음으로 다시 시작을 하였다. 행복했다. 엉겅퀴에 관심이 있는 모든 이들로 하여금 엉겅퀴를 알게 하는 역할을 내가 하게 되었음에. 특별전공 없이 얕은 지식으로 쓰다 보니 다소 부족한 사항도 많이 있으리라 생각된다. 독자들의 넓은 아량으로 이해해주심을 기대한다. 향후 부족한 부분은 더 연구하며 추록할 것도 약속드린다.

근래에 들어서 약용 및 식용으로 쓰이는 야생식물자원들로부터 약리성분을 찾으려는 연구가 매우 활발히 진행되고 있는 추세이다. 그런데도 약용자원식물의 현황 파악, 즉 재배현황 또는 산지분포현황조차도 제대로 되어 있지 않은 것이 현실이다. 특히 어떤 식물의 경우는 국내에서 자생하고 있지만, 외국에서 한약재로 수입하는 아이러니가 실제로 일어나고 있다. 그러나 현재에는 한국식품의약품안전처 산하의 생약자원센터에서 약용자원식물의 중요성을 인식하여 약용자원식물들에 대해 집중적인 연구·개발을 하게 됨을 다행이라 아니할 수 없다. 다만 엉겅퀴에 대해서는 아직까지는 체계적인 단일 책자가 없었는데『이것이 엉겅퀴다』로 기회를 받음에 매우 행복하다.

우리나라 및 아시아에는 아직 잘 알려지지 않았지만 서양에서는 이것저것 다 해본 간질환 환자들이 마지막 희망을 거는 약초가 바로 이 엉겅퀴라고 한다. 책 내용에서도 언급했듯 실제로도 수없이 많은 사람들이 밀크시슬(Milk thistle)의 약효로 간을 재생시켰다. 이 것은 이미 인류가 2,000년 동안이나 사용했으며 1960년대 후반부터는 약 400여 종의 연구논문 등 모든 분야에서 이미 연구가 진행되어 왔다. 우리나라에서도 엉겅퀴를 식품보다는 약재로 사용하였던 것을 본초도감이나 동의보감 등 고 의서에서 쉽게 찾아볼 수 있다. 허준 선생께서 쓴 동의보감(東醫寶鑑)에서는 엉겅퀴에 대해서 '성질은 평하고 맛은 쓰며 독이 없다. 어혈이 풀리게 하고 피를 토하는 것, 코피를 흘리는 것을 멎게 하여 옹종, 옴과 버짐을 낫게 하고, 여성의 적백대하를 낫게 하고 정을 보태주며 혈을 보한다'고 하였다.

이 책은 모두 여섯 장으로 구성되어 있다. 제Ⅰ장에서는 엉겅퀴의 유래와 이름, 종류 등을 언급하였고, 제Ⅱ장에서는 엉겅퀴의 주요성분을, 제Ⅲ장에서는 엉겅퀴를 이용하는 것에 대해, 제Ⅳ장에서는 우리나라 서식 엉겅퀴들의 생김새 및 특징에 대해서, 제Ⅴ장에서는 헷갈리기 쉬운 엉겅퀴의 구분 방법에 대해서, 마지막 제Ⅵ장에서는 엉경귀를 어떻게 키우고 수확할 수 있는지에 대해 서술하였다.

끝으로 고마움과 미안한 마음으로 인사를 드려야 할 분들이 많은데, 미리 양해도 없이 들여놓고 참조할 수 있도록 엉겅퀴에 대한 많은 연구 및 자료를 내신 제위(諸位)님들께 깊은 고마움을 전한다. 그리고 약초에 대해 많은 조언과 도움을 주신 지인들과 예쁘게 책을 엮어주신 ㈜북랩의 손형국 대표님께도 진심의 감사를 드리고, 특히 어려운 여건에서도 언제나 변함없이 응원해준 내조자와 딸들에게도 고마움을 전하고 싶다.

엉겅퀴에 대한 자료들 중 미진한 부문들은 차후 새로운 자료들이 입수되는 대로 보강코자 한다.

경찬호

차 례

제Ⅱ장. 엉겅퀴의 주요성분은?

제Ⅲ장. 엉겅퀴의 활용은?

제Ⅳ장. 우리나라 서식 엉겅퀴의 생김새 및 특징은?

제Ⅴ장. 헷갈리기 쉬운 엉겅퀴의 구분방법은?

제Ⅵ장. 엉겅퀴의 재배 및 수확방법은?

제 I 장

엉겅퀴(Thistle)란 무엇인가?

1.
엉겅퀴는 어떻게 유래되었는가?

엉겅퀴는 '인체에 상처가 생겨나서 피가 날 때, 이 식물을 찧어 바르거나 먹으면 금방 피가 엉기게 하는 효능이 있다'고 하는 뜻에서 '엉키다'라는 표현을 우리나라에서는 '엉겅퀴(大薊)'라 했다는 이름의 유래와, '예수가 십자가에 못 박혀 죽은 후 성모마리아가 십자가에서 못을 뽑아 땅에 묻었고 그 못이 묻힌 자리에서 한포기 풀이 자라났는데, 이 풀이 바로 엉겅퀴(흰무늬엉겅퀴)였다'고 하여 엉겅퀴를 '축복받은 엉겅퀴' 또는 '신성한 엉겅퀴'로 부르고 그로 인하여 그리스도교의 성화가 되었다는 서양에서의 유래가 있다. 또 밀크시슬(Milk thistle)은 젖을 먹이는 어머니들의 젖이 잘 나오도록 하기 위해 엉겅퀴차를 마시게 함으로써 잘 알려졌다 한다. 시슬(Thistle)은 '살짝 찌르다'라는 의미를 갖는 고대 게르만어에서 유래했다고 하며, 이는 '시슬'이라고 불리던 옛날 로마의 유명한 장군의 무덤에서 피어난 꽃이라서 그 이름이 유래되었다는 설도 있다. 아무튼 'Milk thistle'은 '성모 마리아의 젖'으로 불리며 지중해 연안에서 2천 년 이상 사용되어 왔다. 또 다른 전설에 의하면, 엉겅퀴의 잎에 대리석 모양의 무늬가 생긴 것은 성모 마리아가 떨어뜨린 젖에 의해서 생겨난 것이라고도 한다. 종명인 '마리아눔(marinum)'도 그러한 전설과 관련이 있다고 한다. 학명인 '실리붐(Silybum)'은 '장식용 술'이란 의미를 갖는 그리스어 silybon에서 유래했다. 이 명칭은 1세기경에 살았던 그리스의 근대 서양의학에까지도 많은 영향을 끼친 의사이자 약학자인 디오스쿠리데스(Dioskurides)가 엉겅퀴를 닮은 식물을 지칭한 데서 생긴 명칭으로 '마리아엉겅퀴(카르두스마리아누스)'라고도 불리운다. The word 'Cirsium' derives from the Greek word kirsos meaning 'swollen vein'. 엉겅퀴의 속명인 'Cirsium'은 그리스어 'Kirsion' 또는 'Cirsion'에서 유래되었는데, 이 말은 '정맥을 확장한다'는 의미로, 정맥총(靜脈叢)을 치료하는 데 탁월한 효과가 있다고 해서 붙여진 이름이라고 전해지고 있다.

그리고 엉겅퀴는 8세기에서 12세기에 이르기까지 노르만족이 유럽 여러 나라를 침략하였는데, 특히 9세기 후반경 스코틀랜드에 바이킹이 침입을 위해 미리 척후병에게 한밤중에 소리를 내지 않고 들키지 않게 맨발로 잠입하여 동태를 살피게 하였는데, 접근하던 척후병이 그만 엉겅퀴를 밟았고, 엉겅퀴의 날카로운 가시에 찔린 척후병은 통증을 참지 못하고 비명을 지르게 되면서 기습이 발각되었다. 체포된 척후병으로부터 침투작전을 알아낸 스코틀랜드의 병사들이 오히려 기습공격을 감행하여 그 전쟁에서 크게 승리하여 나라를 구하였다고 한다. 그러한 연유로 엉겅퀴는 특유의 가시 때문에 보잘것 없었던 야생화에서 스코틀랜드의 나라꽃, 국화(國花)로 승격되었고 스코틀랜드 왕가의 문장에 새겨져 있다. 또한 최고의 영예를 가진 훈장의 하나에도 엉겅퀴를 사용하게 되었다고 전래되고 있다. 이 훈장은 수혜자가 매우 제한되어 있으며 대개의 기사훈장처럼 엉겅퀴 훈장도 밝혀진 것보다 훨씬 더 오랜 연원을 갖고 있지만, 근대적 의미에서 이 훈장은 1687년 영국 왕인 제임스2세(스코틀랜드 왕 제임스7세)가 제정한 것으로 간주되고 있다. 전하는 바로는 757년경 스코틀랜드 왕 앵거스(아카이우스)가 기사훈장 하나를 제정했으며 이와 함께 스코틀랜드에 성 안드레아스를 숭배하도록 명하였다고 한다.

엉겅퀴 문양이 들어 있는 스코틀랜드 1파운드 지폐

엉겅퀴의 꽃말도 함부로 '건드리지 마세요'를 담은 '엄격, 근엄'이 되었다.

그 뜻이 의미하듯 쉽게 접근할 수 없는 존재임은 분명해 보인다.

가. 엉겅퀴의 명칭과 이명은?

1) 외래종엉겅퀴

세계 여러 나라의 엉겅퀴를 일컫는 명칭을 살펴보면, 영어는 'Milk Thistle', 중국어는 '(大)薊(dà)jì', 일본어는 'ノアザミ(野薊)', 프랑스어는 'chardon m.', 스페인어는 'cardo(m. 남성명사), abrojo(m. 남성명사), alcachoba(f. 여성명사)', 독일어는 'Distel-n', 러시아어는 'чертопол óx[칼류치니크]', 포르투갈어는 'cardo, o cardoselvagem(Bot.)' 이탈리아어는 'carbo'로 부르고 있다. 외래종의 대표 엉겅퀴로 흰무늬엉겅퀴(학명 Silybum marianum)를 들 수 있는데, 이것의 이명으로는 밀크시슬, 마리아엉겅퀴, 얼룩엉겅퀴 등이 있다.

2) 고유종(토종)엉겅퀴

우리 토종에 대하여 '엉겅퀴'라 칭하는 단어가 우리나라에서 나타 난 것이 19세기 이후라 한다. 엉겅퀴 단어의 변천과정을 연구한 자 료인 「엉겅퀴 관련 어휘의 통시적 고찰(2007, 장충덕)」에 의하면, 현대 국어 어형인 '엉겅퀴'는 중세국어 문헌에는 등장하지 않는다 하였다. '엉겅퀴'를 의미하는 가장 이른 시기의 어형은 15세기경의 '구급간이 방'에 나타나는 '한거식'와 '조방거식', '조방이'이다. 그러나 문헌상으 로 처음 엉겅퀴를 표현한 것은 '역어류해'에서 언급된 '엉것귀'이다. '엉것귀'를 '엉기다'와 엉겅퀴의 한자말 '귀계(鬼薊)'의 '귀'가 합쳐진 것 이라고 추정하며 '엉기는 귀신 풀' 정도의 뜻으로 풀이하였다. 이후 변모하여 19세기 이후 문헌에서는 '엉겅퀴'로 변하여 현재에 이르고 있다.

처음 엉겅퀴의 '엉'을 '엉기다'와 관련하여 설명하는 것은 엉겅퀴의 꽃에 점액성이 있어 엉기는 성질이 있는 것과 관련되었을 것이라는 설과, 또 엉겅퀴가 출혈을 멈추게 하는 효과가 있기 때문에 피를 엉 기게 한다는 점에 근거하여 이름이 붙여졌을 것이라는 설이 있다. 즉 엉겅퀴는 피를 엉기게 하는 성질이 있어 붙은 이름이라고 정의하 고 있으며, 필자 또한 이와 생각을 같이한다. 또 우리나라에서 엉겅 퀴를 이르는 명칭은 여러 가지가 있는데 국어사전에는 '엉겅퀴', '항 가새', '조뱅이' 등이 있으며, 방언형으로는 '소왕이', '소왕가시', '소왱이', '엉겅키', '엉겅구', '엉거생이', '엉거시', '엉것귀', '산수방', '소젖풀', '항가새', '항가새나물', '항가시나물', '항가시', '항가꾸', '항가쿠', '홍람화', '볼뱅이', '소웡이(제주지방)', '환갑구(전남 화순지방)' 등이 있고 또 그렇게 불리었다. 그리고 「큰사전(1957)」이후 최근의 「표준국어대사전(1999)」에 이르기까지 각종 사전류에서 '엉겅퀴'가 중심표제어로 되어 있고 '항가새'는 엉겅퀴의 옛말로 처리되어 있음을 밝히고 있다. 또한 「구급간이방」에는 한자명으로 대계(大薊)라 기록되어 있으며, '한가식'라는 우리말로 번역하고 있기도 하다. 요즘에 와서는 엉겅퀴를 흔히 '가시나물'이라고 한다. 또 자홍색을 띤 작은 꽃들이 한 데 모여 피는 것이 마치 '들잇꽃' 같아서 '야홍화'라고도 한다.

3) 엉겅퀴 유사종

엉겅퀴 유사종은 '조뱅이', '조방가새'라고 불렸으며, 약명(藥名)으로는 '소계(小薊)'라 하였고, 뿌리는 '소계근'이라 했다. 「구급간이방」에는 한자명으로 小薊라 기록되어 있으며, '조방가싀'라는 우리말로 번역하고 있다. 조뱅이는 '조방가싀'에서 유래하고, '조방'과 '가싀'의 합성어임을 알 수 있다. '가싀'는 한자 '계(薊)'자가 가진 '굳은 가시'를 일컫는 말이다. 때문에 아카시아나무처럼 목본식물종의 가시(刺)와는 다른 의미를 가진, 풀에 나 있는 가시 같은 구조를 의미한다.

'조방가시'에서의 '조방'이란 고어는 '한가식'의 '한'에 대응되는 말로, '대(大)'와 '소(小)'자로부터 알 수 있다. '크고 풍성하다'는 의미의 '한'에 대응되는 접두사로서 '조방'은 '작다', '좁다', '적다' 따위의 동의어이다. 결국 조뱅이는 '작은 가시가 있는 엉거시(엉겅퀴)'란 뜻을 가진 순수 우리 이름이다. 조뱅이의 고어가 '조방이'라든가, '조방거새'가 어원이라 하는 것은 모두 오해라 한다. 학명으로 '조방거새(曹方居塞)'로 표기되고 동의보감에서 기록된 '조방가시(조방가 → 조거식)'를 거치면서 생겨난 명칭이고, 마침내 '가시'가 탈락한 이름이 된 것이다. 조뱅이는 '조방가새', '자라귀', '자리귀', '조바리', '지칭개' 등의 수많은 방언이 있다.

나. 엉겅퀴의 원산지는?

1) 외래종엉겅퀴

현재 우리들이 통상 부르고 쓰는 '엉겅퀴(Thistle)'의 고향인 원산지를 딱 어디라고 정의할 수는 없을 것 같다. 다만 우리의 고유종(토종)이 아닌 밀크시슬(Milk thistle)로 불리고 있는 흰무늬엉겅퀴(학명

Silybum marianum)의 원산지가 따뜻한 지중해 해안을 중심으로 둔 남부유럽과 북아프리카라고 알려져 있다.

2) 고유종(토종)엉겅퀴

'Thistle'은 우리말로 '엉겅퀴'라고 번역되는데, 사실 이 단어의 정확한 정의에는 약간의 혼선이 있다. 우리나라의 순수특산종인 고유종엉겅퀴는 각 지방의 산지가 원산지로 되어있다. 대표적으로 엉겅퀴(大薊, thistle, 학명 Cirsium japonicum var)는 우리나라의 토종으로 원산지는 대한민국이다.

3) 엉겅퀴 유사종

우리나라에 엉겅퀴 유사종으로는 여러 종류가 있는데, 원산지가 우리나라인 품종이 있는가 하면 외래에서 들어온 종이 혼재하고 있다. 대표적인 품종으로는 조뱅이(小薊, 학명 Breea Segeta)가 있으며 원산지는 대한민국이다.

다. 엉겅퀴의 분포는?

　밀크시슬(Milk thistle)로 불리는 마리아엉겅퀴를 비롯한 엉겅퀴의 분포는 한국, 일본, 중국, 만주, 러시아, 그리고 대만 등의 북반구 온대지역을 비롯하여 북미, 유럽 그리고 북아프리카 등 전 지구상에 엉겅퀴속(Cirsium)이 약 250~300여 종, 지느러미엉겅퀴속(Carduus)이 약 90여 종, 그리고 Onopordum속이 약 60여 종이 분포한다고 알려져 있다. 특히 동북아시아지역에 분포하는 엉겅퀴속(Cirsium Miller)은 한반도에 10여 종이, 일본에는 90여 종이, 중국에는 50여 종이, 러시아에는 110여 종이, 대만에는 10여 종이 그리고 만주에도 14여 종 정도가 분포하는 것으로 알려져 있다.

2.
엉겅퀴는 어떻게 분류하는가?

가. 엉겅퀴의 일반적인 분류

엉겅퀴의 분류에 대해서 필자는 식물도감(植物圖鑑)을 인용하여 서술하였다. 식물도감에는 피자식물문(Angiospermae) > 쌍자엽식물강(Dicotyledonese) > 합판화아강(Sympetalae) > 초롱꽃목(Campanulates) > 국화과(Asteraceae) > 엉겅퀴속(Cirsium)으로 분류되어 있다. 국화과(菊花科)를 영문으로 보통 Asteraceae와 Compositae로 표기하는데, 필자는 Asteraceae로 표기하고자 한다. 좀 더 자세하게 위키(WiKi)백과에 나와 있는 국화과에 대한 내용을 살펴보면, 엉겅퀴아과(Carduoideae)는 국화과의 아과이며 엉겅퀴류(類)를 주로 포함하고 있다.

엉겅퀴류(Thistle 類)라 함에는 국화과(菊花科 Asteraceae)에 속하는 엉겅퀴속(Cirsium), 지느러미엉겅퀴속(Carduus), 흰무늬엉겅퀴속(Silybum)및 엉겅퀴 유사종으로 조뱅이속(Breea), 방가지똥속(Sonchus), 지칭개속(Hemistepta), 뻐꾹채속 (Rhaponticum), 산비장이속(Serratula) 그리고 절굿대속(Echinops), 키나라속(Cynareae), 우엉속(Arctium) 및 다른 속의 잡초성 식물을 통칭하여 말함이다.

그리고 엉겅퀴속은 Linnaeus란 학자에 의해 1753년에 Cnicus, Carduus 그리고 Serratula 등으로 분류되어지다가, Miller라는 학자에 의해 이듬해인 1754년에 이를 정리하여 Cirsium으로 설정한 것이 지금에 이르고 있다.

1) 한국산 엉겅퀴속의 분류체계

한국산 엉겅퀴속의 분류체계는 1937년도에 Kitamura가 정리한 체계를 토대로 하여 1984년과 1987년도에 Shin과 1995년도에 Kadota 등에 의하여 이루어졌으며, 그것은 3개의 절(Onotrophe절, Spanioptilon절, Pseudoeriolepis절)로 분류되었다고 「외부형태형질에 의한 한국산 엉겅퀴속(Cirsium Miller)의 분류학적 연구(2007, 송미장, 김현)」에서 밝히고 있다.

2) 우리나라 엉겅퀴속의 분류

우리나라 엉겅퀴속은 「한국산 엉겅퀴군(국화과) 식물의 수리분류학적 연구(2006, 송미장, 김현)」와 「외부형태형질에 의한 한국산 엉겅퀴속(Cirsium Miller)의 분류학적 연구(2007, 송미장, 김현)」에 따르면, 1901년에 Palibin이란 학자가 Conspectus Florae Koreae에서 Cnicus japonicus (DC) Maxim을 처음으로 보고한 이래, 1923년에 일본인인 Nakai란 학자가 25종으로 분류·정리하였다. 이후 1956년도에 Chung이란 학자는 8종으로 하였고, 1974년에 Park은 11종으로, 1980년도에 T. Lee는 15종으로, 1996년도에 W. Lee는 11종으로, 그리고 같은 해 Y. Lee는 19종으로, 2007년도에 들어 송미장, 김현의 16종으로 마지막 가장 최근인 2015년도에 배영민의 17종으로 분류하였다.

3) 우리나라 엉겅퀴속 분류의 한계

우리나라 엉겅퀴속은 위에 언급된 것처럼 여러 학자들에 의해서 분류되었지만, 고려엉겅퀴와 정영엉겅퀴처럼 거의 유사하여 식별형질 분류에 어려운 한계가 있음을 알 수 있다.

나. 한방에서 엉겅퀴의 분류

엉겅퀴를 우리 한방에서는 대계(大薊)와 소계(小薊)로 분류하고
있다.

엉겅퀴를 '소계(小薊)'라 분류함은 키가 보통 20~50㎝ 정도의 '조뱅
이(조방가시)'의 전초를 말함이고, '대계(大薊)'라 함은 키가 100㎝를
넘게 자라는 엉겅퀴인 '항가새'를 일컫는데 엉겅퀴, 바늘엉겅퀴, 큰엉
겅퀴 등의 전초 또는 뿌리를 이르는 말로써 분류구분도 하였지만,
엉겅퀴는 대계와 소계를 모두 포함하는 개념으로 보았다.

3.
우리나라 엉겅퀴의 종류는?

　우리나라의 자생식물은 환경부 산하 국립생물자원관에서 2007년도에 펴낸 『한반도속(屬)식물지(植物誌) 2007』에 따르면, 한반도자생 관속식물을 총 217과 1,045속 3,034종 및 406종 이하 분류군으로 정리하였으며, 이에는 엉겅퀴를 비롯하여 국내에 흔히 분포하는 외래종과 야생화된 재배종의 일부를 포함하였다고 하였다. 그중에서 약 480여 종이 식용이나 약용 등으로 가능하다고 한다. 필자는 국화과에 속한 엉겅퀴의 종류를 엉겅퀴속, 지느러미엉겅퀴속, 흰무늬엉겅퀴속, 엉겅퀴 유사종, 그리고 현재 우리나라에서 멸종된 종으로 구분하여 정리하였다.

가. 엉겅퀴속(Cirsium)의 종은?

　한국에 서식하고 있는 엉겅퀴속(Cirsium Miller)의 종은 2007년도에 발표한 송미장, 김현 학자의 16종과 2015년도에 발표된 배영민 학자의 1종을 더해 총 17종을 가나다 순으로 나열하여 보았다.

※ ( ), [ ] 안의 영문은 학명임

① 가시엉겅퀴[Cirsium japonicum var. spinosissimum Kitamura]

② 고려엉겅퀴[Cirsium setidens (Dunn) Nakai]

③ 도깨비엉겅퀴[Cirsium schantarense Trautv. et Meyer]

④ 물엉겅퀴[Cirsium nipponicum (Maxim.) Makino]

⑤ 민흰잎엉겅퀴[Cirsium vlassovianum var. album Nakai]

⑥ 바늘엉겅퀴[Cirsium rhinoceros (H.Lev. & Vaniot) Nakai]

⑦ 버들잎엉겅퀴[Cirsium lineare (Thunb.) Sch. Bip.]

⑧ 엉겅퀴[Cirsium japonicum var. japonicum maackii (Maxim.) Matsum.]

⑨ 정영엉겅퀴[Cirsium chanroenicum (L.) Nakai]

⑩ 큰엉겅퀴[Cirsium pendulum Fisch. ex DC.]

⑪ 흰가시엉겅퀴[Cirsium japonicum var. spinosissimum for. alba T.B.Lee]

⑫ 흰고려엉겅퀴[Cirsium setidens for. alba T.B.Lee]

⑬ 흰도깨비엉겅퀴[Cirsium schantarense for. albiflorum Y.N.Lee]

⑭ 흰바늘엉겅퀴[Cirsium rhinoceros for. albiflorum Sakata et Nakai]

⑮ 흰잎고려엉겅퀴[Cirsium setidens var. niveo-araneum Kitamura]

⑯ 흰큰엉겅퀴[Cirsium pendulum For. albiflorum]

⑰ 깃잎고려엉겅퀴[Cirsium setidens var. pinnatifolium] 등이다.

나. 지느러미엉겅퀴속(Carduus)의 종은?

① 지느러미엉겅퀴[Carduus crispus L.]

② 흰지느러미엉겅퀴[Carduus crispus For. albus(makino) Hara]

③ 사향엉겅퀴[Carduus nutans L.] 등이다.

다. 흰무늬엉겅퀴속(Silybum)의 종은?

흰무늬엉겅퀴[Silybum marianum Gaertn]가 있으며, 이것을 '밀크시슬' 또는 '마리아엉겅퀴'라고도 부른다.

라. 엉겅퀴 유사종은?

① 조뱅이속(Breea) 3종으로는 첫째, 조뱅이[Breea Segeta(willd.) Kitamura. F. Segeta]와 둘째로는 큰조뱅이[Breea Segeta(willd.) Kitamura]가 있으며, 마지막으로 흰조뱅이[Breea Segeta F. lactiflora(Nakai) W. T. Lee]가 있다.

② 방가지똥속(Sonchus) 3종으로는 첫째, 방가지똥[Sonchus oleraceus L.]과 둘째로는 사데풀[Sonchus brachyotus A. P. DC.]이 있고, 셋째로 큰방가지똥[Sonchus asper(L.) Hill.]이 있다.

③ 지칭개속(Hemistepta)으로는 지칭개[Hemistepta lyrata bunge] 1종이 있다.

④ 뻐꾹채속(Rhaponticum)으로는 뻐꾹채[Rhaponticum uniflorum (L.) DC.] 1종이 있다.

⑤ 산비장이속(Serratula)으로는 첫째, 산비장이[Serratula coronata var. insularis (Iljin) Kitamura. F. insularis]가 있고, 둘째로는 잔잎산비장이[Serratula Komarovii Iljin]가 있으며, 셋째로는 잔톱비장이[Serratula hayatae NaKai]가 있고, 마지막으로 한라산비장이[Serratula coronata F. alpina (Nakai) W. T. Lee]가 있다.

마. 엉겅퀴 중 멸종된 종은?

우리나라에 개체로 서식하고 있다가 도시화 등 환경변화로 인하여 현재에는 사라진 종에는 ① 개엉겅퀴[Cirsium japonicum Fisch. ex DC.], ② 점봉산엉겅퀴[Cirsium zenii NaKai], ③ 동래엉겅퀴[Cirsium toraiense Nakai ex Kitamura], ④ 제주엉겅퀴[Cirsium chinense Gardner & Cham.] 등이 있다.

4.
엉겅퀴의 서식지는?

    우리나라에서 엉겅퀴의 서식지를 살펴보면 소위 '토종'이라 일컫는 '엉겅퀴(大薊)'를 보면 야산이나 구릉 등 민가와는 좀 떨어진 곳에서 가장 많이 자생하고 있고, 반대로 외래종으로 귀화하여 토착화된 '지느러미엉겅퀴(飛廉)'는 길가, 강가, 밭둑 등 민가주변에 지천으로 번식하고 있다. 또 외래종으로 우리들이 알고 있는 '밀크시슬'이 국내에서는 서식하는 것을 필자는 아직 확인하지 못하였다.

5.
엉겅퀴에 생기는 병과 충은?

국내에서 자생하는 중요 산채류(약용, 식용야생식물 포함)의 종류는 약 480여 종으로 알려져 있으며, 이 중에서 약 60여 종은 현재 재배가 되고 있다. 이들 산채류에서 파악된 병과 충은 약 116여 종이 있으며, 이 중에서 병이 85종 정도이고 충이 31종이라고 한다.

필자는 산채류 중에서 엉겅퀴류 만을 분리하여 엉겅퀴에 발생하는 병·충에 대하여 살펴보고자 하였으며, 이를 엉겅퀴의 '병'과 엉겅퀴의 '충'으로 분류하여 서술하였다.

가. 엉겅퀴의 병

엉겅퀴(大薊)에 발생하는 병의 경우 대략 3가지로 분류할 수 있

는데,

첫 번째는 한창 성장하다가 잎 끝부분에서부터 중앙으로 말라서 고사하는 병으로, 물빠짐이 안 좋은 곳에서 많이 발생을 한다(아래의 사례 1).

사례 1-① : 정식 20일차 건강한 엉겅퀴

사례 1-② : 정식 23일차 병에 걸린 엉겅퀴 - 발병 3일차

사례 1-③ : 정식 30일차 병에 걸려 완전고사된 엉겅퀴
- 발병 10일차

　두 번째는 줄기에 붙어 있는 잎의 끝이 마르는 잎마름병과 뿌리
및 줄기가 썩어 들어가는 줄기 썩음병이 간혹 발생하며, 병에 걸린
포기는 결국 고사를 한다(아래의 사례 2).

사례 2-① : 엉겅퀴가 병이 든 모습

사례 2-② : 엉겅퀴가 병으로 고사 중인 모습

사례 2-③ : 엉겅퀴가 병으로 고사된 모습

사례 2-④ : 엉겅퀴가 병으로 고사되어 흔적만 남은 모습

그리고 마지막으로 씨방에 병이 간혹 발생하는데, 이는 꽃이 만개 후 결실기의 꽃봉오리에서 씨앗이 익기도 전에 한쪽 부분부터 꽃술이 말라버리는 증상으로, 본래는 씨앗이 익어감에 따라 씨방인 봉오리에서 꽃술이 치솟아올라 날아가야 하는데, 원인불명의 씨방꽃병이 발생하여 씨앗이 완숙되지 못하고 꽃술만 말라져서 씨앗도 쭉정이로 된다(아래의 사례 3).

사례 3 : 결실 중인 엉겅퀴의 꽃술이 마르고 있는 모습

이런 병들의 몇몇 종류는 아직까지 그 원인이 밝혀진 바 없고 앞으로 연구가 필요하리라 여겨진다.

다만 「유용자원식물의 진균성신병해(1995, 신현동)」의 자료에 의하면, 우리나라 토종인 고려엉겅퀴의 흰가루병은 여름부터 발생하여 생산량과 품질에 피해를 주었는데, 그 병원균이 Sphaerotheca Fusca로 밝혀졌다고 하였고, 또 갈색무늬병 병원균(Septoria sp)이라 하였다. 또한 포자 형성이 잎의 뒷면에서만 관찰된 병원균은 국화과 식물에서 병원균으로 알려진 Ramularia cirsii Allescher로 동정되었다고 밝히고 있다. 그리고 국거리 용도의 나물로 유통되는 엉경퀴의 뿌리에서 발생하는 뿌리내생 균근균의 분포를 연구한 「나물용 엉경퀴의 근권에서 Arbuscular 균근균의 분포(2005, 조자용 외 2)」에 따르면, 나물용 엉경퀴의 뿌리에서 Acaulospora sp., Glomus sp. 및 Gigaspora sp. 등으로 확인되었고, Glomus sp.는 타원형에서부터 구형과 반구형까지의 형태를, Acaulospora sp.는 백색에서 연노랑의 구형과 반구형의 모양을, Gigaspora sp.는 500㎛이상의 구형으로서, 셋 중에서 가장 큰 형태였다고 하였다. 그리고 재배농가의 고려엉경퀴잎에서 발생한 병원균을 연구한 자료인 「Stemphylium lycopersici에 의한 고려엉경퀴 점무늬병의 발생(2016, 최효원 외 6)」에 의하면, 고려엉경퀴에 발생하는 병은 Septoria cirsii Niessi에 의한 점무늬병과 Sphaerotheca fusca(Fr.) S. Blumer에 의한 흰가루병, Stemphylium lycopersici에 의한 점무늬병 등 3개의 병원균이라고 하였다.

나. 엉겅퀴의 충

엉겅퀴와 지느러미엉겅퀴 모두 충해에는 비교적 강한 편이다.

우리나라에서 최초로 국화과를 대상으로 가해곤충 특히 한국산 엉겅퀴의 가해곤충을 연구한 「국화과의 잡초가해 곤충(1992, 추호열 외 3)」에 따르면, 엉겅퀴에 대해서 가해하는 곤충으로는 우엉수염진딧물과 가는잎말이나방이 있으며, 가는잎

엉겅퀴 줄기에 진딧물 기생 모습

말이나방은 유충이 줄기를 뚫어서 가해부위 윗부분을 고사시키는 피해를, 우엉수염진딧물이 잎, 줄기, 꽃 등에 가해를 주고 있다고 하였다.

필자가 관찰을 한 바로는 지느러미엉겅퀴의 경우는 땅이 너무 비옥하면 해충인 진딧물이 꽃봉오리나 줄기, 잎 뒷면에 많이 붙어 번식하며 노린재, 무당벌레가 꽃이 필 때 씨방에 알을 산란하여 그 애벌레가 씨의 당분을 빨아먹어 씨를 쭉정이로 만들어버리는 것을 제외하면 큰 탈 없이 잘 자란다.

엉겅퀴 씨방의 씨를 파먹는 벌레

가는잎말이나방 유충의 줄기 속
기생으로 피해를 입은 엉겅퀴 대궁

그리고 엉겅퀴(大薊)에 이들의 애벌레 및 이름이 밝혀지지 않은 충이 꽃이 필 때 씨방에 알을 산란하여 부화된 그 애벌레[몸길이 약 7~10㎜, 무게 0.4~0.7g으로 처음에는 몸통이 흰색이고 주둥이(입)는 짙은 갈색의 단단한 이빨로 무장되어 있으며, 차츰 성장하면서 몸길이 약 15~18㎜, 무게 0.6~0.9g으로 머리에서 꼬리까지 붉은 색의 줄

이 좌우로 나 있고 그 밖의 몸통색은 머리 쪽은 연둣빛이고 꼬리 쪽
으로 갈수록 연한 연둣빛을 띠고 있다. 지네처럼 생긴 발은 7~8쌍
이 붙어 있으며 엉겅퀴의 씨, 꽃술 등을 먹으며 봉오리 속에서 기생
한다가 씨를 먹어 씨가 아예 없는 경우도 있다.

엉겅퀴 꽃봉오리 안 씨방에서 씨를 파먹는 애벌레

애벌레에게 파먹힌 꽃봉오리

이것이 엉겅퀴다(This is Thistle)

파먹힌 봉오리와 애벌레

약간 엷은 갈색의 번데기로 우화된 모습

또 결실된 씨방에서 약 1㎜ 정도의 애벌레가 다수 발견되었는데, 계속 성장시켜보았더니 이름 모를 성충으로 변하였다.

애벌레 충의 모습

그 성충은 머리 부분에 연두색을 띠고 있으며 몸체길이 약 7㎜ 정도이며 날개를 포함하여도 9㎜를 넘지 않았다. 특이점은 날개의 뒷부분 검은 점에 침이 여러 개 붙은 모양이 2개씩 있다. 곤충의 전체 모습은 날파리를 닮았다. 필자는 이 곤충이 곤충학자 이강운님이 명명한 '점박이키다리파리'와 매우 흡사하여 혹 같은 곤충이 아닐까 생각되었다.

진딧물이 발생한 엉겅퀴는 생육이 저하되어 개화 및 결실능력이 현저히 떨어지고 지상부의 약용으로 활용도 어렵게 한다. 진딧물이 발생하면 발생된 엉겅퀴뿐만 아니라 근접한 다른 엉겅퀴에도 쉽게 옮겨가므로 바로 퇴치를 해야 한다. 또 가는잎말이나방의 애벌레가 꽃이 한창 피어 있는 결실기의 엉겅퀴 줄기 중간을 파먹어서, 파먹은 줄기의 윗부분을 완전 고사시켜 수확을 망치기도 하였다. 그리고 꼭 씨방에서만 씨를 파먹으며, 애벌레로 성장하는 것도 있다.

필자는 엉겅퀴 줄기나 잎에 기생하는 진딧물의 퇴치 방법에 대해 고민하던 중 봄철 산행 시에 땀이 흐르는 눈가 주위로 하루살이 등이 성가시게 달라붙을 때 썼던 개피나무껍질 달인 물이 생각나서 진딧물이 붙어 있는 엉겅퀴에 살포하고 관찰을 해보았더니 다른 곳으로 모두 달아났다. 달아난 이유가 계피 향 때문인지는 몰라도 그 후로는 그곳에는 진딧물이 붙지 않음을 확인하였다.

제Ⅱ장

엉겅퀴의 주요성분은?

1.
성분(成分)의 총괄

    국내와 국외의 여러 국가에서 많은 학자들이 저술한 엉겅퀴에 대한 연구논문 등 자료들을 살펴보면, 엉겅퀴속(Cirsium)식물에서 다양한 이차대사산물(二次代謝産物)이 보고되었는데, 그 가운데 생리활성이 뛰어난 apigenin, luteolin, myricetin, kaempferol, pectolinarin, 5,7-dihydroxy-6,4'-dimethoxyflavone, hispidulin-7-neoheperioside를 포함한 약 78종의 flavonoids가 확인되었다.

    Flavonoids는 flavan핵 구조를 가진 저분자량의 폴리페놀화합물로 페놀이 3개의 A, B 및 C환의 기본구조로 구성되어 있는 diphenyl propane(C_6-C_3-C_6)의 기본탄소골격을 가지는 페놀(phenol)계 화합물의 총칭이다. 항암성과 항돌연변이성을 가지는 플라보노이드는 flavonol계의 quercetin, kaempferol, myricetin과 flavone계의 apigenin, luteolin, limonin, nomilin 등이 보고되었다. 특히 Apigenin은 암 예방 효과 및 신경보호 효과, 항염증, 항진경 및 항균작용 등의 생리활성이 있다고 보고하고 있다. 또한 엉겅퀴는 지질 과산화를 억제하고 glutathione reductase의 활성을 증가시켜 알코올해독을 촉진시키므로 간 보호 작용에 효과적이라고 한다. 플라보노이드는 특히 혈장의 LDL(low density lipoprotein)내의 산화를 억제하여 동맥경화를 예방한다. LDL의 산화를 억제하는 천연항산화제로는 비타민E, Carotenoids, Catechin, Flavonoid 및 그 유도체 등이 알려져 있다. 특히 그 중에서도 엉겅퀴(milk thistle)에 들어 있는 Silymarin은 Flavolignan으로서 간장 보호 작용과 알코올 유도 지질산화의 예방 및 알코올성간경화 등에 대한 보호 효과가 있다고 하였다.

식물체가 외부의 자극에 반응하여 생성하는 대사물질을 피토알렉신(phytoalexin)이라고 하는데, 엉겅퀴 및 관련된 식물들이 생성하는 phytoalexin으로 대표적인 것이 'Silymarin'이다. Silymarin은 실제로 silybin, isosilybin, silydianin, silychristin 등의 혼합물을 일컬으며, 이 성분은 특히 엉겅퀴의 씨에 많이 함유되어 있는데, 바로 간을 보호하는 작용이 강하다. 간에서 해독작용과 항산화작용을 하는 글루타티온성분의 증가 및 결핍을 예방한다고 한다. 또한 간을 손상시키는 효소의 생성을 방해하여 간세포를 보호하고 간염 수치를 낮추어주며, 간세포를 재생하여 직접적인 간 보호 작용을 나타내는 것으로 밝혀지기도 하였다. 그래서 유럽 등 여러 나라에선 엉겅퀴의 실리마린을 추출하여 각종 질환의 치료에 유용하게 활용하고 있음을 알 수 있다.

근래에 들어서는 엉겅퀴가 간질환뿐만 아니라, 폐질환, 당뇨 등 여러 요인에도 치료 및 예방의약 등으로의 활용이 증가되고 있는 것이 학자들의 연구를 통하여 증명되고 있다.

엉겅퀴가 속한 엉겅퀴속 식물에는 생리활성이 뛰어난 다양한 Flavonoid성분이 함유되어 있다. 전초에는 알칼로이드 정유를 함유하고 있다.

또 뿌리에는 타라카스테린, 아세테이트, 스티그마스케롤, 알파 또는 베타 아말린, 베타시토스테롤 등이 많이 들어 있고, 꽃, 잎, 줄기에는 Apigenin과 Acacetin이 들어 있으며, 씨에는 Cynarin과 Narirutin 등이 들어 있다.

밀크시슬의 열매에서 추출한 실리마린은 Flavolignan계열 화합물들의 복합체로써 실리빈을 비롯하여 실리디아닌, 실리크리스틴, 이소실리빈 등의 이성체로 구분된다. 실리마린성분은 대체로 열매에 가장 많이 함유되어 있으며, 종에 따라서는 이파리, 줄기 등에서도 추출이 된다. 실리빈은 실리마린을 구성하는 최대의 물질이며 생물학적 기능을 가지고 있다. 특히 엉겅퀴속 식물에서 바이오플라보노이드(Flavonoid : 건강한 심장과 원활한 혈액순환을 유지하고 혈전을 줄이는 데 도움이 되는 것)란 성분의 물질 즉 흰무늬엉겅퀴(=마리아엉겅퀴)의 씨에서 추출된 '실리마린(Silymarin)'이란 성분은 항산화작용이 비타민E의 10배와 간이 분비하는 해독과정에서 빠질 수 없는 단백질 같은 성분인 글루타티온(glutathione : 생체 내 산화환원의 기능에 중요한 구실을 함)이라는 성분의 35%를 증가시키고, 또 그 결핍을 예방하여 준다고 한다. 또 엉겅퀴 씨는 지용성지방산을 다량으로 함유하고 있다.

  엉겅퀴와 관련한 근래의 학술자료 중 우리나라에서 가장 오래된 것은 1964년에 발표한 유승조 박사의 「한국산 소계, 대계의 생화학적 연구 제1보(1964)」라고 사료된다. 엉겅퀴성분에 대해서 최근까지의 자료들을 제목만 간략히 정리하여 보았다. 「큰엉겅퀴에서 Cirsimarin을 분리(1978, 윤혜숙 외 1)」, 「엉겅퀴 꽃의 성분연구(1981, 이용주 외 2)」, 「바늘엉겅퀴의 Flavonoid 성분연구(1983, 김창민 외 1)」, 「엉겅퀴(Cirsium) 속 식물의 성분 연구V(1984, 이용주 외 1)」, 「흰바늘엉겅퀴로부터의 플라보노이드(1994, 이환배 외 3)」, 「물엉겅퀴 지상으로부터 Pectolinarin의 분리(1994, 도재철 외 2)」, 「엉겅퀴에서 Flavone 배당체의 분리(1994, 박종철 외 3)」, 「엉겅퀴지상부의 심혈관작용활성 및 Flavone 배당체의 분리연구(1997, 임상선 외 2)」, 「바늘엉겅퀴의 노르이소프레노이드 성분(2002, 정애경 외 10)」, 「울릉엉겅퀴의 식물 화학적 성분연구(2005, 이종화 외 1)」, 「부위별 고려엉겅퀴(Cirsium setidens Nakai)의 이화학적 성상 및 항산화 활성 효과(2006, 이성현 외 6)」, 「선정된 한국산 엉겅퀴의 상대적 항산화작용과 HPLC프로필(2008, 정다미 외 2)」, 「자생 엉겅퀴의 부위별 기능성성분 및 항산화효과(2009, 김은미 외 1)」, 「엉겅퀴의 활성성분 및 생리활성연구(2011, 김동만)」, 「국내에 자생하는 큰엉겅퀴와 고려엉겅퀴의 분자유전학적 및 화학적 분석(2012, 유선균 외 1)」,「국내자생 엉겅퀴추출물의 항산화성분 및 활성(2012, 장미란 외 3)」,「GC-MS를 이용한 엉겅퀴의 휘발성향기성분 분석(2012, 최향숙)」,「엉겅퀴추출물의 기능성분 분석 및 TGF-beta에 의한 간 성상세포활성 억제효과(2013, 김선영 외 8)」,「산지별 고려엉겅퀴의 pectolinarin 함량 및 항산화 활성(2016, 조봉연 외 6)」,「엉겅퀴 뿌리의 성분 및 효능(2017, 김문준)」이 있다.

엉겅퀴의 성분에 대해서는 성분이 들어 있는 엉겅퀴를 전초, 씨, 뿌리 등 부위별로 구분하여 좀 더 자세하게 살펴보았다.

2.
엉겅퀴의 전초

엉겅퀴가 속한 엉겅퀴속 식물은 생리활성이 뛰어난 다양한 Flavo-noid성분이 함유되어 있다. 전초에는 특히 알칼로이드정유 성분을 많이 함유하고 있다. 부분적으로 꽃, 잎, 줄기에는 Apigenin과 Acacetin이란 성분이 들어 있다. 실리마린성분은 대체로 열매에 가장 많이 함유되어 있으며, 종에 따라서는 이파리, 줄기 등에서도 추출이 된다.

엉겅퀴에서 부위별 추출물로 항산화 및 항염증 활성을 연구한 「엉겅퀴부위별 추출물의 항산화 및 항염증 효과(2011, 목지예 외 8)」에 따르면, 엉겅퀴 부위별 총 플라보노이드와 총 폴리페놀함량은 잎 추출물에서 가장 높게 나타났으며, 뿌리와 줄기에 비해 꽃과 씨에서 함량이 높았다고 하였다.

엉겅퀴(대계 Cirsium japonicum var.) 모습

3.
엉겅퀴의 씨

엉겅퀴에서 실리마린이 풍부하게 들어 있는 곳은 바로 '씨'이다. 앞의 성분총괄에서도 언급하였듯이, 플라보노이드계열의 화합물이 풍부하게 함유하고 있다고 하였다. 또한 엉겅퀴의 종자껍질에는 항염증에 강한 아피게닌이 제일 많이 존재한다고 한다. 그리고 엉겅퀴에 함유된 철(Fe)은 다른 약용식물에 비하여 약 4배가 더 많다고 하였다.

실리마린성분에 대해서 좀 더 자세하게 살펴보았다.

실제로 silymarin은 〈$C_{25}H_{22}O_{10}$〉의 동일한 분자식을 갖는 silybin, isosilybin, silydianin, silychristin의 4가지 isomer의 혼합물을 일컬으며, 더 정확히 말하면 엉겅퀴 중에도 익은 열매속의 씨에 가장 많이 들어 있는 것을 1968년에서야 밝혀낸 물질이다. 엉겅퀴의 씨에서 추출된 이 성분은 간과 담낭을 보호하고 치료하는 약초성분 중 가장 효능이 뛰어난 천연성분으로 알려져 있다. 항산화작용이 비타민E의 10배에 이르며 간이 분비하는 글루타티온(glu-tathione)이라는 성분의 분비량을 35% 이상 증가시켜 준다고 한다. 이처럼 간질환 치료에 탁월한 효능을 보이고 있다.

흰무늬엉겅퀴(밀크시슬) 씨앗 모습

엉겅퀴(大薊) 씨앗 모습

4.
엉겅퀴의 뿌리

엉겅퀴는 뿌리에서부터 줄기, 잎, 꽃, 씨 등 전 부위를 약용으로 사용 가능하다.

특히 엉겅퀴의 뿌리에는 타라카스테린, 아세테이트, 스티그마스케롤, 알파 또는 베타아말린, 베타시토스테롤 등의 성분이 많이 들어 있다고 알려져 있다.

엉겅퀴(**大薊**) 뿌리 모습

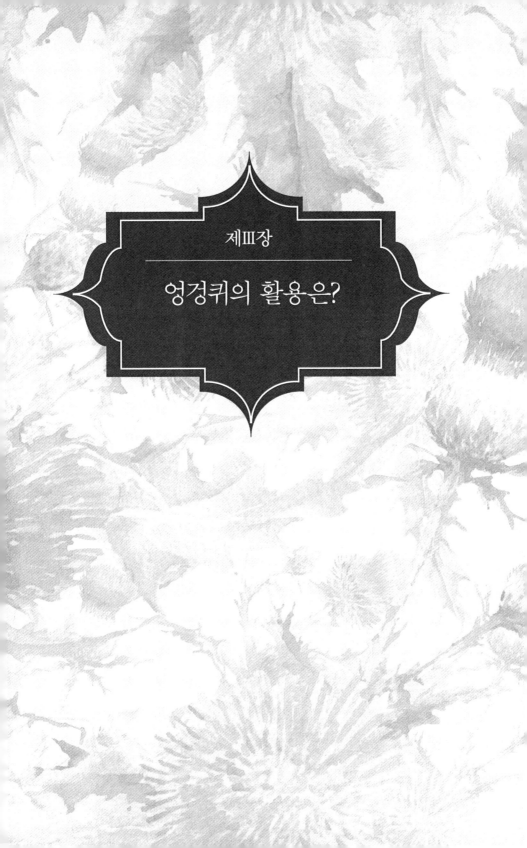

제Ⅲ장

엉겅퀴의 활용은?

1.
과거의 엉겅퀴 활용

　엉겅퀴가 옛날부터 어떻게, 어떤 방법으로 사용되어 왔는지에 대해 고문헌에 나와 있는 기록들을 살펴보고자 한다. 삼국지를 보면 촉나라 유비의 군사로 제갈공명만큼이나 지략이 뛰어난 '방통'이 있었다. 그가 한 전투에서 몸에 적이 쏜 화살을 맞고 그만 말 잔등에서 낙상을 하고 말았다. 화살을 맞은 곳에서는 계속 피가 흘렀고 옆에서 그 광경을 보고 있던 한 병사가 급히 어떤 풀을 구해서 짓찧어 이긴 다음 상처부위를 막자 피가 멎게 되었다. 과연 그 풀이 무엇이었을까?

　엉겅퀴는 대개 맛이 쓰고 성질이 서늘하다. 그리고 간장경과 심장경에 작용을 한다. 체내에서의 작용은 양혈지혈과 어혈소종을 하는 것으로 밝혀졌다. 그런데 바로 그 풀이 엉겅퀴였다고 한다. 그래서 민간에서는 엉겅퀴를 각종 피부병이나 폐결핵의 치료나 고혈압의 치료 및 타박상이나 각종 출혈, 충수염, 황달, 신장염 등 부종에도 사용되어 왔을 뿐만 아니라, 그 결핍을 예방하여 주는 데 활용하기도 하였다. 이렇게 좋은 약성을 지닌 약초로 엉겅퀴가 민간요법에 활용되어 온 지는 수천 년이나 되었다는 기록도 있다. 유럽에서도 엉겅퀴는 비교적 흔한 꽃이어서 약용뿐 아니라 다방면으로 이용되어 왔다. 북유럽에서는 엉겅퀴의 가시가 마녀를 쫓고 가축의 병을 없애는 것에도 효력이 있다고 믿었으며, 그리고 성경에도 왼쪽에 가시덤불이 오른쪽에는 엉겅퀴가 그려져 있다.

고 의서들에서 엉겅퀴에 대한 기록들 중 몇몇을 살펴보았다. 먼저 동의보감에는 엉겅퀴는 성질은 평하고 맛은 쓰며 독이 없다, 어혈을 풀리게 하고 피를 토하는 것, 코피를 흘리는 것을 멎게 하며 옹종과 옴과 버짐을 낫게 한다, 여자의 적백대하를 낫게 하고 정을 보태주며 혈을 보한다고 되어 있으며, 중약대사전에서는 엉겅퀴의 항균작용은 in vitro에서 대계뿌리의 전제 또는 전초의 증류액은 1:4,000의 농도일 때 인형결핵균을 억제하지만, 전제의 세균억제농도는 이것보다 높다고 기록되어 있다. 본초강목에는 큰 엉겅퀴는 어혈을 흩어 내리고 작은 엉겅퀴는 혈통을 다스린다(명나라 약초학자 이시진)고 되어 있다. 또 중국 남북조시대의 명의인 도홍경(陶弘景)은 명의실록에서 엉겅퀴는 여자들의 적백대하를 다스리고 태아를 안정시키며 피를 토하거나 코피 나는 것을 그치게 하고 비위를 튼튼하게 하며 신장 기능을 튼튼하게 한다고 했다. 동의학사전을 보면 엉겅퀴는 열을 내리고 출혈을 멈추며 어혈을 삭이고 부스럼을 낫게 한다고 한다. 또 약리 실험결과 혈액응고촉진작용, 혈압강하작용, 해열작용 등이 밝혀졌다고 소개하였다. 그리고 복건민간초약, 태평성혜방, 본초휘언, 산보방, 민동본초 등 많은 고서에서도 엉겅퀴를 약초로 활용한 기록들을 찾을 수가 있다.

증상에 따른 질병을 엉겅퀴 및 엉겅퀴를 첨가하여 치료하는 방법 등을 기록한 고 의서의 내용을 옮겨 본다.

① 심열에 의한 토혈, 입이 마르는 자는 엉겅퀴의 잎 및 뿌리를 짓찧은 즙을 한 번에 작은 잔으로 자주 복용한다(태평성혜방).

② 토혈, 코피, 자궁출혈에는 엉겅퀴 한 줌을 짓찧은 즙 반 되를 복용한다(본초휘언).

③ 폐열에 의한 해혈에는 엉겅퀴의 신선한 뿌리 37g을 깨끗이 씻은 후 절굿공이로 보드랍게 짓찧어 빙당 18.5g을 넣고 반 사발이 되도록 졸아들 때까지 달여서 하루에 두 번 따뜻하게 데워서 복용한다(복건민간초약).

④ 열결혈림에는 엉겅퀴의 신선한 뿌리 37~111g을 깨끗이 씻고 짓찧어, 끓인 물을 적당히 넣고 약한 불에 1시간가량 끓인다. 하루에 3회를 식전에 복용한다(복건민간초약).

⑤ 여성의 자궁출혈, 백대하가 멎지 않을 때에는 엉겅퀴 18.5g, 토애엽 11.1g, 백계관화자 7.4g, 목이 7.4g, 초황백(백대하에는 황백을 쓰지 않는다) 18.5g을 술이나 물과 함께 뭉근한 불에 오래 끓여서 복용한다(전남본초).

⑥ 충수염, 내저제증에는 신선한 엉겅퀴 148g을 물로 달여서 아침, 저녁으로 식후에 복용한다(민동본초). 또 엉겅퀴 뿌리와 잎, 지유, 우슬, 금은화를 짓찧은 즙을 더운 술로 복용한다. 신선한 것과 건조한 잎을 달여서 마셔도 좋다(본초휘언).

⑦ 부스럼으로 후끈후끈하고 빨갛게 부을 때에는 엉겅퀴의 신선한 뿌리와 동밀을 함께 짓찧어 상처에 붙인다. 하루에 두 번 바꾼다(복건민간초약).

⑧ 타박상이나 어혈로 인한 아픔에는 엉겅퀴 즙을 더운 술에 타서 마신다(본초휘언).

⑨ 목의 좌우에 결핵이 생겼거나 혹은 밤톨만한 창이 생겨 빨갛게 부어오르고 곪아 고름이 나오며 오랫동안 아물지 않는 경우에는 양의 다소를 막론하고 엉겅퀴의 뿌리만을 소고기 또는 돼지고기와 함께 물로 끓인다. 혹은 엉겅퀴만을 약한 불에 장

시간 달여서 물 또는 술을 조금 넣어 복용한다. 외용에는 신선한 엉겅퀴를 짓찧어 발회, 아차, 혈갈과 섞어 상처에 바르면 새살이 돋아나온다(전남본초).

⑩ 화상에는 엉겅퀴의 신선한 뿌리를 끓여 식힌 물로 깨끗이 씻은 후 짓찧어 천에 싸서 약한 불에 끓여서 짠 즙을 1일 2~3회 바른다.(복건민간초약).

⑪ 여성의 건혈로 또는 간로로 오한과 발열이 나고 머리가 아프고 몸이 수척해지며 정신이 혼미할 때의 치료 시에는 엉겅퀴 75g, 황우육 148g을 약탕관에 넣고 흐물흐물하게 끓여서 새벽에 먹은 후 또 다시 깊이 잠든다. 소금을 꺼린다(전남본초).

⑫ 옻이 올라 생긴 피부병에는 엉겅퀴의 신선한 뿌리 한 줌을 깨끗이 씻은 다음 동 유를 조금 넣고 짓찧는다. 천에 싸서 약한 불에 데워서 짠 즙액을 1일 3~4회 바른다(복건민간초약).

⑬ 부비두염에는 엉겅퀴 뿌리 148g, 달걀 2~3개를 함께 삶아서 달걀을 먹고 즙액을 마신다. 매운 음식 등의 자극적인 음식은 삼간다(전전선편, 오관과).

⑭ 대상포진에는 큰엉겅퀴, 작은엉겅퀴(小薊)를 신선한 우유에 담가 연하게 한 후 찧어 고약으로 만들어 바른다(내몽고, 중초약신의료법자료선편).

⑮ 폐결핵 치료 시(임상보고) 신선한 엉겅퀴의 뿌리를 깨끗이 씻고 1일 200g에 400㎖의 물을 가하고 약한 불에 200㎖가 될 때까지 달여서 2번에 나누어 복용한다. 또는 10㎖에 생약 10g을 포함한 주사액을 만들어 근육주사 혹은 기관에 떨어트려 넣는다. 18례를 관찰한 결과 전제로 치료한 것이 5례, 주사로 치료한 것이 11례, 기관에 적주한 것이 2례이며 투약일수는 15~72일로 다르다. 결과는 X선 흉부사진을 대비 비교하면 치료 후 병변이 현저히 흡수 3례, 흡수 8례, 무변화 7례였다. 일부 병례에서는 해소, 객담, 흉통 및 가래를 뱉으며 발열 등의 증상이 정도는 다르지만 호전되었다. 치료 중 전제를 먹어서 위가 부풀고 불쾌감을 느낀 사람이 있었으며 그 경우에는 생강, 진피, 법반하 등을 가하면 경감된다(중약대사전).

⑯ 고혈압 치료 시(임상보고) 신선한 엉겅퀴 말린 뿌리를 물에 약 30분간 담갔다가 3번 달이고 한 번에 30분간 펄펄 끓게 한다. 여과액을 합해서 농축하고 매 100㎖가 생약 25g에 해당하도록 전제를 만든다. 아침과 저녁에 1번씩 각 100㎖를 복용한다.

또는 신선한 말린 뿌리 혹은 잎으로 엑기스 정제를 만든다. 뿌리로 만든 엑기스 정제는 1일 3회, 1회 4알을 복용한다. 1일의 양은 말린 뿌리 50g에 상당한다. 잎으로 만든 정제는 1일 3회, 1회 3알을 복용한다. 1일의 양은 말린 잎 약 15g에 해당하도록 한다. 임상 관찰한 102례에서 일부 현운, 심계 항진, 불면증 등의 증상이 약간 중한 환자에게는 브롬제, 중추신경계의 감수성을 억제하므로 진정제·진경제·진통제, meprobamate 혹은 chlordiazepoxide 등의 진정 약물을 적당히 배합하고 엉겅퀴만을 써서 치료하였다. 치료 단계는 1주일간 또는 3개월로 다르게 하여 그중 처음 전제를 쓰고 후에 뿌리로 만든 정제로 바꾸어 치료한 72례의 결과는 현효(수축기혈압이 40mmHg 이상 하강 또는 이완기혈압이 20mmHg 이상 하강한 자) 17례, 유효(수축기 혈압이 20mmHg 이상 하강하지만 40mmHg에는 도달하지 못한 자, 또한 이완기 혈압이 10mmHg 이상 하강하지만 20mmHg 이상에 도달하지 못한 자, 혹은 초기의 고혈압증 혈압이 140/90mmHg으로 하강한 자) 45례, 무효 10례이며, 유효율은 86.1%였다. 잎의 정제를 쓴 30례를 관찰한 결과 현효(표준은 상동) 5례, 유효 10례, 무효 15례이고 치료 효과는 조금 못하였다. 부작용으로는 공복에 정제 복용 후 위에 불쾌감 혹은 오심(惡心) 등의 약물 반응을 나타내는 경우가 소수 있지만 식후에 복용하면 증상이 경감한다(중약대사전).

⑰ 부인들의 하혈에는 엉겅퀴 뿌리를 즙으로 짜서 마시면 즉시 효과가 난다(산보방).

⑱ 건선이 생겼을 시에 엉겅퀴의 플라보노이드 성분인 실리마린은 건선 치료에 유익한 것으로 보고되고 있다. 실리마린은 간 기능을 개선하고, 염증을 억제하며, 과다한 세포증식을 감소하는 효능이 있다.

일본에서도 엉겅퀴로 치료를 한 사례들이 있는데, 대표적인 것이 장염객신(長鹽客伸)이 저술한 『현대중국의 암 의료(1977)』란 책이다. 이 책에 의하면, 일본의 민간에서 엉겅퀴로서 유선암을 치료하여 일정한 효과를 얻었다는 것이 소개되어 있는데, '신선한 엉겅퀴의 잎과 달걀흰자위를 함께 짓찧어 아픈 곳에 붙인다'고 사용법을 설명하고 있다. 그 외 엉겅퀴는 민간요법에서 강한 천연지혈제로 간 관련 질병, 고혈압, 결석에 유용하게 활용되고 있다.

흔히 활용되는 사항들을 간략히 정리하여 보았다.

엉겅퀴는 간, 담낭, 마른버짐 등의 치료용으로 유용하게 이용한다. 엉겅퀴의 뿌리는 가을에 캐고 잎과 줄기는 꽃이 필 시기에 채취하여 햇볕에 건조하여 사용한다. 엉겅퀴는 약리실험에서 해열, 지혈, 혈액응고, 혈압강하작용이 있음이 밝혀졌으며, 또 토혈, 각혈,

하혈, 외상출혈, 산후출혈, 대하증 등에 이용된다(엉겅퀴의 지혈작용). 엉겅퀴는 고혈압증에도 좋으며 피의 흐름을 좋게 한다. 유방암에는 엉겅퀴의 잎과 뿌리를 짓찧어 나온 즙과 계란흰자위를 개어서 유방에 붙인다. 엉겅퀴는 간경변증, 만성간염, 지방간, 임산부 담즙 분비장애증, 담 관련 염증에 큰 효험이 있다. 유방염, 치질로 아플 때와 피부염에는 엉겅퀴의 잎과 뿌리를 생으로 찧어 달걀흰자위와 개어 붙인다. 또 잎과 뿌리를 달인 물로 목욕을 한다. 여성이 하혈을 할 때에는, 엉겅퀴의 뿌리를 생즙을 내어 마신다. 뼈마디가 아프거나 오금이 쑤실 때에는, 엉겅퀴의 뿌리와 줄기로 생즙을 내어 찜질한다. 말린 엉겅퀴 뿌리 10g에 물을 약 700㎖ 부어서 달여 마시거나, 뿌리를 생즙 내어 마시면 간질환과 산후 부기에 효과가 좋다. 엉겅퀴를 뿌리째 캐어 말린 줄기 10g에 물을 약 700㎖ 부어서 달인 물은 위염, 양기부족, 자주 토할 때, 소변이 안 나올 때에 효과가 크다. 외상, 종창, 피부염에는, 생 뿌리를 짓찧어 붙이거나 달인 물로 씻으면 좋은 효과를 거둘 수 있다. 생잎을 찧어 붙여도 동일한 효과를 낼 수 있다. 각혈, 구토, 대하증, 출혈, 위염, 소변장애, 정력부족, 각기 등에는 엉겅퀴 마른뿌리를 기준으로 매일 10~20g씩 달여 먹으면 치료에 도움이 된다. 척추카리에스에는 잎과 뿌리의 생즙에 밀가루를 반죽하여 환부에 붙인다. 치질에는 잎과 뿌리를 삶아 그 물로 환부를 세척하면 효과가 있다. 뼈가 부러진 것을 빨리 아물어 붙게 하는데 홍화씨가 제일이라고들 하는데 그보다도 엉겅퀴 씨가 한

10배는 더 낫다고 한다. 엉겅퀴가 어혈을 풀어주고 막힌 기혈을 뚫어주며 끊어진 근육과 뼈 신경을 이어주기 때문이다.

엉겅퀴에 필요한 약초를 첨가하여 치료 효과를 높이기도 한다. 간질환의 경우 엉겅퀴에다 결명자, 구기자, 질경이, 민들레, 쇠비름, 인진쑥, 수양버들의 새순, 옥수수수염, 참빗살나무, 유근피, 산머루넝쿨, 노나무, 민물고등, 천황련, 집오리 등의 민간약을 같은 양으로 함께 넣어 달여 먹는다. 산후부종의 경우에는 엉겅퀴와 함께 늙은 호박, 대추, 계피, 당귀, 천궁, 작약, 민들레, 쇠비름, 쇠무릎, 은행나무의 새순, 수양버들의 새순, 옥수수수염, 택사, 목통, 참빗살나무, 유근피를 역시 같은 양으로 넣어 달여 먹는다. 이 같은 간질환과 산후부종 치료 효과 외에도 유방암, 외상, 종창, 피부염, 신경통, 각혈, 구토, 대하증, 출혈, 위염, 소변장애, 정력부족, 각기, 치질 등에도 뛰어난 효과가 있는 엉겅퀴를 다른 약초와 혼합하여 달여 먹는다. 그리고 엉겅퀴를 술로 만들어 약으로 먹는 경우는 관절염, 신경통, 견비통 등에는 소주 1.8ℓ에 엉겅퀴 생 뿌리 300g이나 말린 뿌리 50g을 설탕과 함께 담가 밀봉하여 5개월 이상 숙성시킨 후, 건더기를 건져내고 복용하면 유용하다. 또한 강장, 건위, 식중독 및 해독과 피로회복 또 소화촉진제의 효능에 사용할 시에는, 엉겅퀴를 잘 씻어 말린 뒤 감초와 대추를 병에 넣고 소주를 재료의 3배 정도 많게 부어준 다음 잘 밀봉하여 서늘한 곳에 3개월 정도 보관하면 향도 좋고 맛도 좋은 엉겅퀴 술이 완성되는데, 취침 전에 소주잔으로 1잔씩 마시면 된다. 그리고 엉겅퀴 꽃으로 술을 담글 시에는, 꽃부리를 제거하고 꽃의 양의 약 4배가량 소주를 붓고 설탕을 넣어 숙성시켜 마신다. 술이나 효소로 담글 때에는 봄, 겨울에 뿌리를 캐어서 씻은 뒤 햇볕에 말리거나 신선한 채로 사용하고, 잎은 잘게 썰어서 효소로 담근다. 또 6~8월에 꽃이 피는 시기에는 지상부를 잘라서 햇볕에 말려 쓰거나 신선한 채로 사용한다. 엉겅퀴 뿌리를 달여서 차로 늘 마시면 혈액이 맑아져서 고혈압이나 고지혈증이 낫고 정력이 좋아지며 변비가 없어지고 장이 깨끗해진다. 생즙을 내어 먹는 것을 좋아하는 사람이 많은데 무엇이든지 날것으로 먹으면 소화흡수가 잘 되지 않아서 위장 장애가 생길 수 있다. 은은한 불로 두 시간 이상 푹 달여서 잘 우러나온 물을 먹어야 약효 성분이 몸에 잘 흡수된다.

엉겅퀴는 간과 근육, 콩팥과 뼈에 제일 이롭고, 약골을 강골이 되게 하고, 간이 콩알만한 사람을 담대하게 만들어 주는 약초라 하였다. 또 간이 튼튼하면 근육이 튼튼해지고 신장이 튼튼하면 뼈가 튼튼해진다. 이런 이치를 옛 글에서는 간주근(肝主筋)이고 신주골(腎主骨)이라고 했다. 엉겅퀴는 간염이나 간경화, 간암 같은 간질환과 산후부종이나 신장염, 부종 같은 신장병에 치료 효과가 아주 좋다. 옛날 황달로 인해 얼굴이 누렇게 뜬 사람한테 엉겅퀴를 채취해 푹 삶아서 그 물을 마시게 하면 씻은 듯이 낫곤 했다. 또 간경화로 복수가 차거나, 산후부종으로 얼굴과 팔다리가 붓는 사람도 엉겅퀴

달인 물을 먹으면 복수가 빠지고 부기가 내린다. 엉겅퀴 씨를 차로 끓여 마시기도 하는데, 이때에는 엉겅퀴 씨를 잘게 부순 것 2~3g을 끓는 물 200㎖에 넣고 뚜껑을 덮어 10~15분 정도 우려내어 마신다. 밥 먹기 30분 전과 잠자기 30분 전에 따뜻하게 해서 마시면 좋다. 엉겅퀴 씨를 차로 오래 먹으면 마음이 편안해져서 잠을 잘 자게 된다. 그뿐만 아니라 뼈가 무쇠처럼 튼튼해지고 정력이 좋아져서 자식을 잘 낳을 수 있게 되고 면역력이 높아져 어떤 질병에도 걸리지 않는다고 한다. 현미, 김치와 엉겅퀴는 천생연분이다. 엉겅퀴는 우리나라의 들과 산 어디에서나 널리 자생하는 식물이므로 이 식물을 채취하여 잎, 줄기, 뿌리, 꽃 등을 그대로 녹즙으로 복용하던지 건조하여 가루로 내어 먹던지, 특히 현미, 김치와 같이 먹으면 효과가 배가 된다. 엉겅퀴는 생긴 모양은 거칠어 보여도 오래전 우리의 조상 때부터 전초의 연한 식물체와 어린 순을 나물로 식용하고 성숙한 전초, 뿌리 등을 약용으로 이용해 왔다.

하지만, 농경사회가 정착되면서 농촌에서는 농작물에 해를 주는 아주 귀찮은 존재의 잡초라는 생각으로 제초제 등을 사용하여 멸실하는 등 '엉겅퀴를 없애야 한다'는 관습이 농촌 등에 아직까지 남아 있어 필자의 가슴은 더욱 아프다.

다음으로 엉겅퀴의 복용 시 주의사항 및 포제방법에 대해 서술된 고 의서를 살펴보았다. 먼저 중약대사전에는 비위가 허한 하고 어체가 없는 자는 먹으면 안 된다고 수록되어 있으며, 본초품회정요에서는 철기를 꺼린다고 기록되어 있고, 신농본초경소에는 위약으로 인한 설사 및 심한 빈혈, 비위가 약하고 식욕이 부진한 자는 먹어도 이롭지 않다, 부작용으로는 공복에 정제 복용 후 위에 불쾌감 혹은 오심 등의 약물반응을 나타내는 경우가 소수 있지만 식후에 복용하면 증상이 경감한다고 서술되어 있다. 그리고 포제방법은 엉겅퀴를 잡물을 없애고 맑은 물로 세척 후 썰어서 햇볕에 말린다. 또한 세척된 대계를 가마에 넣고 7할 정도가 흑색이 될 때까지 볶아서 햇볕에 말린다. 또 본초통현에는 술로 씻거나, 12세 미만의 사내아이의 오줌과 섞어 약간 볶아 말린다고도 나와 있다.

끝으로 엉겅퀴의 성미·귀경·효능 및 주치 그리고 약리에 대해서 고의서에 수록된 내용을 간략하게 정리하여 보았다.

① 성미(性味) : 맛은 달고 쓰며 성질은 서늘하다. 뿌리의 맛은 달고 성질은 따뜻하다(명의별록), 맛은 쓰고 성질은 평하다(약성론), 잎은 성질이 서늘하다(일화자제가 본초), 맛은 달고 약간 쓰며 성질은 차고 독이 없다(본초휘언).

② 귀경(歸經) : 간, 비경에 들어간다. 간, 비, 신의 3경에 들어간다(전남본초), 폐, 비의 2경에 들어간다(본초신편).

③ 효능(效能) 및 주치(主治) : 양혈, 지혈, 거여, 소종, 토혈, 변혈,

요혈, 혈림, 붕혈, 옹종, 정창을 치료한다. 피를 차게 하고 출혈을 멎게 하며 어혈을 없애고 조그마한 종기를 제거하는 효능이 있으며, 약성이 서늘하여 열로 인한 각혈, 코피, 자궁 출혈, 소변 출혈 등을 치료한다. 내·외과의 염증성 질환 등에 내복하거나 짓찧어 붙인다. 뿌리는 주로 양정보혈을 한다. 여성의 적백대하를 주치하고 안태하며, 토혈, 코피를 멎게 한다(명의별록), 뿌리는 자궁출혈을 멎게 한다(약성론), 뿌리는 조그만 종기를 치료한다(당본초), 충수염, 뱃속의 어혈, 혈행이 불량한 증상을 치료하려면 잎의 신선한 것을 갈아 술과 소변을 적당히 섞어서 복용한다. 악창과 옴의 치료에는 소금과 함께 잎을 갈아서 상처를 덮어 싸맨다(일화자제가본초), 어혈을 없애고 신혈을 생성하며 토혈, 코피를 멎게 한다. 소아의 요혈, 여성의 자궁출혈을 치료하며 제경의 혈을 생성하고 보하며 창독을 없앤다. 또한 나력으로 인한 결핵을 제거하고 창옹이 오래도록 낫지 않는 경우에 새살이 돋아나게 하며 고름을 빼낸다(전남본초), 칼에 찔리거나 베인 상처를 치료한다(옥추약해), 건진수하고 혈열을 없애며 설역기를 한다, 직장궤양출혈, 충수염을 치료한다(의림찬요), 피를 차게 하고 출혈을 멎게 하며 염증을 없애며 부기를 가라앉히는 효능이 있다, 폐열에 의한 해열, 열결로 인한 혈림, 부스럼, 옻이 올라생긴 피부병, 화상을 치료한다(복건민간초약), 급성간염으로 인한 황달에 쓰이며, 고혈압 및 신경통에 뿌리를 활용한다.

④ 약리(藥理) : 엉겅퀴를 볶아서 태운 것은 출혈 시간을 단축시킨
다. 물에 담가 우린 액은 고양이와 토끼의 혈압을 내리고, 뿌
리를 달인 물은 결핵균, 뇌막염균, 디프테리아균을 억제한다고
기록되어 있다.

고서에서는 엉겅퀴에 대한 약재의 성질과 맛을 이르는 성미(性味)
에서 엉겅퀴에 대한 평(評)을 서로 다르게 하고 있는데, 필자가 생각
하기에는 지금처럼 분류가 되지 않은 상태에서 엉겅퀴와 지느러미
엉겅퀴를 구분하지 않고 기술된 것이 아닌가 생각된다. 명의별록에
서는 맛은 달고 성질은 서늘(차갑다)하지만 뿌리 맛은 달고 성질은
따뜻하다고 기술되어 있으며, 약성론에서는 맛은 쓰고 성질은 평
하다고 명의별록과는 전혀 반대로 기술되어 있다. 약성론을 기술
한 저자가 쓴 맛, 즉 미고(味苦)인 지느러미를 보고 기술하지 않았을
까 생각된다. 그리고 본초회언을 보면 맛은 달고 약간 쓰며 성질은
차고 독이 없다고 기술하기도 하였다. 엉겅퀴인 대계를 두고 이렇게
전혀 상반된 기술이 나온 까닭을 필자는 잘 모르겠다. 또한 엉겅퀴
를 옛 중국의 의학자들이 성질이 서늘하다고 했으므로 동의보감 같
은 우리나라의 옛 의학책들에 성질이 차다고 적혀 있는데, 그것은
잘못됐다는 생각이 든다. 왜냐하면 필자가 직접 겨울철에 엉겅퀴

뿌리를 캐 보았더니 뿌리 근처의 땅이 적게 얼어 있었고, 뿌리 또한 김이 올라오며 얼어 있지 않았었다. 그리고 엉겅퀴 뿌리의 표면에는 지치처럼 붉은 색소가 묻어 있고 신선한 뿌리를 술이나 물을 부은 병에다 담아서 두면 2~3일경부터 엷은 피처럼 연분홍색의 물이 우러나온다. 그래서 엉겅퀴(大薊)를 '온간지품(溫肝之品)'이라 부르는가 보다.

2.
현시대의 엉겅퀴 활용

엉겅퀴는 세계 여러 나라에서 현재에도 여러모로 활용을 하고 있다. 현시대에는 인간의 수명증가와 건강에 대한 관심의 고조 등에 따라 건강유지와 노화억제를 위한 기능성 생리활성물질에 대한 연구가 식물분야 등에서 광범위하게 연구되고 있다. 따라서 엉겅퀴에 대한 사람들의 새로운 인식과 학자들의 연구 등에 힘입어 각광을 받고 있는 것도 사실이다. 또한 일부 국가에서는 간질환의 치료의약품으로 인정하여 국가적으로 활용되고 있는 것도 주지의 사실이다.

여기서는 엉겅퀴와 가장 관련이 깊은 '간(肝)'에 대해 살펴보았다. 우리의 몸속에서 매우 중요한 장기 중의 하나가 간인데, 간은 사람에 따라 다 달라서 그 무게가 보통 1.2~1.8kg 정도로 소화기관 중에서는 제일 크다. 이러한 간의 기능은 수백 가지가 된다. 간의 기능은 대사, 배설, 해독기능으로 나눌 수 있다. 대사기능은 포도당, 단백질, 지방 등을 재조립하여 에너지원으로 합성하는 작용이고, 배설기능은 이러한 대사기능을 돕는 담즙이나 분해효소를 생산·방출하는 작용을 말하며, 해독기능은 체내에 들어온 독물이나 약물, 알코올 등 유독물질을 물에 녹여서 무독화시키는 일을 한다고 알려져 있다. 섭취한 음식물들을 여러 조직에서 필요한 영양소의 형태로 적절하게 변화시키고 조직에서 이용하고 남은 노폐물들을 다시 간으로 운반하여 처리하는 대사기능 즉 탄수화물, 지방, 단백질, 비타민과 무기질 및 호르몬의 대사 작용이 되는 곳으로 탄수화물을 글리코겐으로 저장하는 곳이기도 하다. 이러한 간은 매일 1리터 정도의 담즙을 생성한다. 독일에서는 황달이나 담석증이 있을 때 실리마린을 쓴다고 한다. 이는 실리마린이 담즙을 묽게 만들어 주는 작용을 이용한 것이다. 담즙은 담낭과 쓸개에 저장되며, 그리고 지방의 소화를 돕는 혈액 속의 독성을 청소하고 오래된 피의 늙은 세포를 제거하기도 한다.

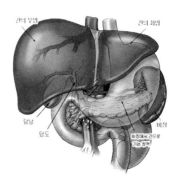

건강한 간의 형태와 위치 모형도

이것이 엉겅퀴다(This is Thistle)

간질환은 virus, 독소, 약물 등의 다양한 원인에 의해 간 손상을 받기 시작하면 간염, 간섬유화, 간경화, 간암이나 간부전 등으로 진행된다. 또 간질환은 원인에 따라 바이러스성간염과 알코올성간염 그리고 대사성간질환으로 분류할 수 있는데, 우리나라에는 아직까지 바이러스성간염이 많지만, 점차 알코올성간질환의 빈도가 증가하는 추세이다. 좀 더 자세히 살펴본다. 대한간암학회가 2014년도에 발표한 자료에 따르면, 우리나라는 OECD(경제협력개발기구) 가운데 간암 사망률 1위라고 한다.

간암의 원인은 B형 간염 바이러스가 72%, C형 간염 바이러스가 12%이고, 알코올성은 9% 정도라고 밝혔다. 그러나 미국이나 유럽 등에서는 바이러스성간염보다는 알코올성간질환이 많다고 한다. 특히 간경변증을 초래하는 간섬유화는 바이러스나 알코올 등과 같은 원인에 의해 발병되는데, 대부분 바이러스에 의한 발병이고, 알코올이 직접 원인이 되는 간경변은 약 5~10% 정도이다.

이 간섬유화에 관여하는 세포로는 간성상세포, 쿠퍼세포, 내피세포 등이 있으며, 그 중 간성상세포는 세포외기질을 생산하는 주요한 세포로 각종 세포외기질의 생성에 핵심적인 역할을 하는 세포이다. 이 간성상세포의 활성화를 유도하는 인자로는 platelet-derived growth factor(PDGF), transforming growth factor-β(TGF-β) 등이 있는데, 간 손상 시 이러한 인자들에 의해 간성상세포의 수는 급격하게 증가하게 된다.

'간염(肝炎)'에 대해서 좀 더 자세하게 살펴보았다.

간염은 A~E형으로 구분된다. 주로 빈번하게 발생하는 것은 A형, B형, C형이다.

A형 간염은 급성염증성 간질환이다. 대부분 감염자의 대변에 오염된 물, 음식 등을 섭취하는 과정을 통해 감염된다. 주로 경구를 통해 감염되며, 환자를 통해 가족이나 친척, 인구밀도가 높은 곳에서 집단 발생하기 쉽다. 만성 간질환으로 진행하지 않으며 대부분 합병증 없이 회복된다.

B형 간염은 B형 간염 바이러스 Hepatitis B Virus(HBV)에 감염이 되어 간에 만성염증괴사가 발생하는 질환으로, 급성염증성간질환이다. 간세포의 핵(核) 내로 침투한 후에도 CCC(covalently closed circular) DNA로 주형이 지속적으로 남아 있기 때문에 치료에 어려움이 있다고 한다. B형 간염은 감기몸살처럼 두통, 고열에 몸이 쑤시고 아프거나 소화불량, 메스꺼움이나 구역질 등의 증상이 나타나며 만성화된다. B형 간염의 원인으로는 바이러스에 감염된 혈액에 노출되거나, 감염된 사람과 성 접촉을 했을 경우 전염된다. 또한 출산 도중 모체로부터 감염되기도 하는데 자연분만과 제왕절개 모두 해당된다.

C형 간염은 C형 간염 바이러스가 일으키는 급성염증성 간질환이다. C형 간염은 기존에 밝혀진 A형, B형 간염 바이러스 외에 비A형, 비B형 바이러스라고 부르던 바이러스가 1989년에 원인 바이러스

의 분자구조가 알려지면서 밝혀진 질환으로, C형 간염의 원인인 C형 간염 바이러스 Hepatitis C Virus(HCV)는 flaviviridae과에 속하는 단일가닥(single stranded)RNA바이러스이며, 세포질에만 존재하고 반감기가 짧으며 RNA 상태로만 존재하기 때문에 완치도 높은 편이라 한다. 통계상 전체 인구의 약 1% 정도가 C형 간염에 걸려 다른 간염에 비해 환자 수가 적은 편이다. 하지만 환자 수는 꾸준히 늘고 있다. 국민건강심사평가원에 따르면, C형 간염 환자 수는 2013년 4만 3500명에서 2017년 4만 7976명으로 매년 2.5%씩 늘었다. B형 간염과 마찬가지로 만성간질환에 의해 일어난다. 전체 환자의 90% 이상이 40대 이상이다. B·C형 간염으로 매년 세계에서 100만 명 넘게 사망한다는 통계도 있다. C형 간염은 바이러스가 감염된 혈액을 통해 전염되거나 성관계를 통해 전염된다. 2015년 다나의원의 주사기 재사용으로 집단감염이 발생했던 것이 예(例)이다. C형 간염에 걸리면 만성간염으로 발전할 위험이 70~80%, 간경변증이나 간암으로 발전할 위험이 30~40%로 높다. 다만 치료제가 개발돼 있기 때문에 조기에 발견하면 만성질환으로 발전하기 전에 치료할 수 있다. 치료제를 12주 정도 복용하면 90% 이상 치료할 수 있다 한다. 문제는 C형 간염에 감염돼도 조기에는 뚜렷한 증상이 나타나지 않아 치료시기를 놓칠 수 있다는 사실이다. 보건복지부에 따르면, 현재 국내 C형 간염 환자는 약 30만 정도로 이 중 약 20%만이 감염사실을 알고 제때에 치료를 받은 것으로 추정하고 있다. 전문가들에 따르면 가장 큰 문제는 A형 간염, B형 간염과 달리 C형 간염을 예방하는 백신이 아직 없다는 것이며, 바이러스에 감염되지 않도록 조심하는 방법밖에 없다 한다. 기타 D형, E형 간염 바이러스에 의한 간염은 발생이 매우 드물다고 한다.

알코올은 분해되는 과정에서 높은 칼로리를 발생하기 때문에, 인체는 이때 사용하고 남은 에너지원을 중성지방으로 바꿔서 간에 저장을 한다. 잦은 음주로 인해 이와 같은 경우가 계속 반복될 경우 간은 지방대사에 문제를 일으켜 정상보다 커지게 되는데, 지방이 축적된 이런 간을 지방간(脂肪肝)이라고 부른다. 지방간은 크게 알코올성지방간과 비 알코올성지방간으로 나눌 수 있으며, 알코올성 지방간이 전체 지방간의 약 20%, 비 알코올성이 약 80%를 차지한다고 한다. 알코올과 지방간은 밀접한 관계가 있다. 혈액이 간에 들어오는 양은 1분에 약 1.5리터 정도 된다고 한다. 간은 혈액을 통해 들어온 알코올의 90%를 처리하는데, 간이 처리할 수 있는 한계치 이상의 알코올이 섭취되면, 분해되지 못한 독성물질이 몸속을 돌아다니며, 간세포를 손상시키고 간에 필요이상의 지방을 축적시켜 알코올성지방간을 유발하고, 심각한 경우 간염, 간경화, 간암까지 진행될 수 있다. 때문에 지방간을 그대로 방치할 경우 간과 관련된 여러 가지 질환이 찾아올 가능성이 크다. 또한 알코올의 분해 시 나타나는 아세트알데히드는 체내에 해로운 독성물질로 해독과정에서 간에 무리를 주기 쉽다. 따라서 술을 마신 뒤에는 빠르게 숙취를 제거해주는 것이 좋다. 그리고 비 알코올성지방간의 대표적인 원인은 비만이다. 과다한 영양섭취로 과잉된 포도당이 지방으로 전환되어 몸속에 축적되는 과정에서 간 역시 지방이 과다하게 쌓이고 지방간이 유발된다. 또한, 고지혈증, 당뇨, 고혈압과 같은 성인병에 의해 발생하기도 한다. 비만이면서 당뇨병이 있는 사람은 지방간이 되기 쉽다고 한다. 간에 산소공급이 원활하지 못한 심부전증이나 빈혈환자, 임신 말기에서 지방간이 나타나기도 하고, 농약이나 쥐약을 먹은 사람들에게 지방간이 나타나는 경우처럼 약물중독으로 인한 지방간도 있다고 알려져 있다.

미국의 학술 저널인 「영양학 리뷰」에 따르면, 미국인들의 사망원인 중 9위를 간경변이 차지한다고 하였다. 이의 70~80%는 알코올의 남용에 의해 발생하고 나머지 중 대부분은 바이러스성 간염에 의해 발생한다고 하였다. 최근에는 미국에서 대체의학에 대한 관심도 고조되고, 의사들은 점점 더 많은 환자들이 밀크시슬을 복용하는 것을 보게 되었다. 그 이유를 알기 위해 포틀랜드에 있는 오레곤 건강과학대학의 소화기과 연구팀은 밀크시슬의 역사, 약리학, 성질 등에 대한 연구와 급·만성간질환에 대한 임상연구도 진행하였다. 그 결과 밀크시슬의 주성분인 실리마린이 세포를 보호하는 동시에 종양의 성장을 억제하는 항산화제라는 사실을 발견하였다. 또한 실리마린이 간세포 재생 및 보호 효과를 가진다는 사실도 밝혀냈다고 한다.

엉겅퀴는 현재 미국의 FDA에서도 간장약 원료식물로 인정하고 있는 약용식물이다. 일본에서도 건조엉겅퀴 뿌리를 이용하여 신경통 및 류마티즘에 유효한 crude drug인 'Wazokudan'이 개발되어 있기도 하다. 또한 현재 독일에서는 엉겅퀴(밀크시슬)를 만성간염이나 간경변, 지방간 환자들을 위한 자연치료요법제로서 정부가 공인(Government-endorsed)한 치료약으로 사용하고 있으며 알코올성 간장애의 예방약으로도 활용되고 있다. 그밖에 이탈리아, 스페인, 헝가리, 체코, 아르헨티나, 브라질, 홍콩, 인도네시아 등에서도 밀크시슬(Milk thistle)은 의약품으로 인정되고 있다. 중동에서는 엉겅퀴 꽃을 차로 끓여 변질제, 강장제, 해열제 등으로 사용하였으며 수렴성이 있는 뿌리는 치질과 기생충에도 사용하였고, 레바논인들은 씨의 차를 담낭 결석, 최유제, 자극제, 강장제 등으로 사용했다 한다. 또한 스위스의 외과의사이자 해부학, 식물학자인 알브레흐트 폰 할러(Albrecht von Haller)는 밀크시슬이 산(酸)에 사용된 것은 1755년까지 거슬러 올라간다고도 하였다.

우리나라에서는 엉겅퀴를 정식 약재로 채택하지 않고 주로 민간약으로 이용되고 있었으나, 근래에 들어 식품의약품안전처에서, 엉겅퀴의 씨에 함유되어 있는 것을 추출한 '실리마린'과 헛개나무 열매에서 추출한 추출물 그리고 표고 버섯추출물 등 3가지 품목을 간기능에 효과가 탁월하다 하여 의약품으로 분류하여 지정(指定)하였다. 앞에서 서술했듯이 실리마린(silymarin)은 주로 엉겅퀴의 씨에서 추출한 물질이다. 씨에 약 70~80% 정도가 함유되어 있다고 한다. 이 실리마린은 세포막을 유리기로부터 보호하는 작용을 함으로써 세포를 튼튼하게 유지하는 역할을 한다. 실리마린은 특히 간세포에 대한 친화력이 아주 강하다. 따라서 환경오염물질로부터 올 수 있는 각종 피해를 줄여준다. 간에 대한 실리마린의 산화방지역할은 비타민E의 10배나 된다고 한다. 이때 실리마린은 강력한 산화방지제인 슈퍼옥사이드 디스뮤테아제 및 글루타티온의 농도를 높여줌으로서 간에 대한 산화방지역할뿐 아니라 일반적인 산화방지제의 역할도 한다고 본다.

밀크시슬은 간의 중요한 해독성분이면서 항산화제의 하나인 글루타티온의 농도를 증가시키고 그 결핍을 예방하여 알코올로 인해 손상된 간세포를 복구하고 재생하는 데 도움을 준다고 하였다. 밀크시슬이 간 기능을 향상시켜 체내에서 알코올의 중화와 해독과정을 원활히 하기 때문이다. 이 성분은 간에 대한 친화력을 갖고 있어 간에 대한 여러 가지 병에 대하여 우수한 치료제로서 각광을 받고 있다. 실리마린은 실리마린의 약리작용에 대한 많은 연구가 있은 후에 광범위하게 쓰여졌던 것이 아니고 거의 경험에 의해 쓰여져 오고 있었다. 예를 들면 민간요법으로 젖을 잘 나오게 하는 데 쓰는 등….

이렇게 밀크시슬의 실리마린성분은 강력한 항산화작용을 통해 활성산소로부터 간세포와 조직을 보호해준다. 간이 파괴되지 않도록 지켜주면서 동시에 간이 더욱 건강해질 수 있도록, 새로운 간세포의 생성과 활동을 돕는 것이다. 실리마린은 면역성을 올려준다. 이런 실리마린의 작용이 간세포를 튼튼하게 만들어줌으로서 오는 것인지, 아니면 간에 대한 해독작용에서부터 오는 것인지는 명확치 않다. 세포막에 손상이 오면 이를 방지하려는 노력의 일환으로 세포로부터 염증 물질들인 류코트리엔(leu ko triene : 기관지 수축이나 알레르기 반응을 일으킴)이 나온다. 그러면 어쩔 수 없이 염증이 생기게 된다. 간염도 마찬가지로 간에 오게 되는 염증으로부터 생기게 되는 것이다. 실리마린이 간세포막을 보호해줌으로서 염증을 사전에 차단시키는 효과를 가져온다. 즉 항염작용을 하는 것이다. 또한, 만성습진이 간 기능의 결함과 밀접한 관계를 갖고 있는 경우가 많이 있다. 이런 경우에 간 기능에 대한 개선이 있으면 습진이 호전된다. 실리마린이 습진 치료에 좋은 효과를 내는 것은 바로 위와 같은 이유에서라고 보인다. 간의 기능 중의 하나가 각종 독이나 몸에 필요 없는 성분을 걸러내는 것이다. 또한 습진 환자들에게 염증물질인 류코트리엔이 많은 것은 잘 알려진 사실인데, 이 물질도 실리마린이 내려준다. 엉겅퀴에서 추출된 실리마린에 대해서 약리학·임상학·화학 등의 모든 분야에서 연구가 진행되어 오고 있다.

엉겅퀴를 이용한 민간요법은 서양에서도 전해 내려오고 있는데, 1930년경 유럽 특히 독일의 자연치료사인 라데마커(Rademaker)라는 사람은 경험적으로 입증된 엉겅퀴의 효능에 주목하여 '엉겅퀴가 간과 담낭의 질환 및 황달에 아주 뛰어난 약효가 있다'고 발표한 바 있다. 그 이후로 엉겅퀴는 전 세계적으로 간질환 치료에 효능이 있는 약초로서 더욱 유명해지기 시작했다고 한다. 또 세계적 대체의학 자연치유의학자인 하버드의대 출신 앤드류 와일(Andrew weil) 박사의 저서인『자연치유(Spontaneous Healing)』에 따르면, 엉겅퀴에 대해서 이렇게 서술하고 있다. '유럽에서 전통적으로 내려오는 민간요법 중에서 가장 흥미로운 강장약초는 마리아엉겅퀴이다. 간세포의 신진대사를 증가시키고, 간세포를 독성의 손상으로부터 보호하는 실리마린이라는 추출물이 바로 이 식물의 씨앗으로부터 얻어진다. 제약산업이 지금까지 간을 손상시키는 약물은 많이 만들어 냈지만, 마리아엉겅퀴의 보호효과에 상응할 만한 아무것도 만들어 내지 못했다. 마리아엉겅퀴는 독성이 없다. 화학요법치료를 받는 암 환자를 포함해서 간에 부담을 주는 약물을 이용하는 환자들뿐만 아니라, 과음하는 사람들은 규칙적으로 마리아엉겅퀴를 복용해야 한다. 나는 만성간염과 비정상적인 간 기능 환자 모두에게 이 약초를 추천하며, 이것을 몇 달에 걸쳐 매일 복용하면서 식사법과 생활방식을 개선하기 위해 노력한 사람들이 정상적으로 간 기능을 회복하는 사례들을 많이 보았다'고 하였다. 1970년대경에 유럽에서 있었던 일이다. 어느 마을에서 실수로 독버섯을 먹고 죽어가던 60여 명의 환자들이 마리아엉겅퀴에서 추출해낸 실리마린성분을 투여받고, 그들 모두가 기적적으로 살아났다는 사건에서도 알 수 있듯이 엉겅퀴는 간장의 파괴를 예방하고 간장의 기능을 증진시키며 새로운 간세포의 성장을 촉진하는 생약제로 또한 최고의 간 치료제로 전 세계적으로 이용이 되고 있음을 알 수 있다.

엉겅퀴생즙은 '마시는 정력제'라고들 말한다. 나이가 들어 정력이 눈에 띄게 떨어진 노인이라도 하루 30그램씩 생즙을 내 마시면 잃었던 정력이 다시 샘솟는 효험을 볼 수 있다 하여 정력보강제로도 널리 알려져 있다. 따라서 '조양'이라고 하는 아침 발기현상이 이루어지지 않거나, 아침에 잠자리에서 일어나려면 허리가 아파서 꼼짝 못하거나, 소변줄기가 시원치 않고 소변을 보고 싶어도 금방 배뇨가 이루어지지 않는 증상이 있는 남성들에게 매우 적합하다 한다. 뿐만 아니라 다리에 힘이 없고 발바닥이 화끈거리며 열이 달아오르는 자각증이 있을 때, 또 성욕이 줄어드는 것은 말할 것도 없고 성생활의 질이나 양이 전만 못 하다고 느낄 정도여서 인생 전반의 의욕마저 떨어질 때, 더구나 입이 잘 마르며 항상 뒷머리가 무겁고, 목과 어깨가 짓눌리는 듯한 증상이 있을 때 더없이 좋은 것이 엉겅퀴 차다. 하루 20그램 정도씩 차로 끓인 다음 여러 차례 나누어 마시면 된다. 맛은 감미라 하지만, 많이 달지는 않기 때문에 당뇨병성 신경쇠약증이 있더라도 안심하고 먹을 수 있다. 엉겅퀴 뿌리는 신기하게도 식물이면서 유일하게 '정유성분'이 있다. 이 엉겅퀴의 뿌리 기름은 산후여성들에게 아주 유익하게 쓰이기도 한다.

이외에도 폐렴 등 폐 농양에 좋고, 혈압을 떨어뜨리는 작용이 있어 고혈압에 응용되며, 여성에게 있어서 불임의 가장 통상적인 원인인 생리불순에도 매우 유용하다. 왜냐하면 엉겅퀴가 간의 에스트로겐 호르몬을 잘 조율하도록 돕기 때문이다. 속칭 '냉증'이라 일컬어지는 각종 대하증도 치료할 수 있고 피를 맑게 하며 저혈, 소염작용을 한다.

특히 2013년도에 실리마린성분에 대한 독점적 사용권이 소멸됨에 따라 여러 부문에서 사용이 증대되고 있다. 이같이 엉겅퀴 같은 천연물 생약의 유용성분을 추출·분리·정제·농축하여 의약품원료로서의 사용이 증가하는 것이 현실의 추세이기도 하다. 또 천연물로부터 인체에 매우 안전하고 효능이 우수한 후보물질을 발굴하였다. 따라서 천연물신약의 연구분야를 보다 확대하고 천연물 기반 의약품원료를 생산하면서 축적된 천연물 신소재 개발기술의 시너지효과를 통하여, 향후 암과 당뇨 및 비만 등 대사증후군 치료를 위한 천연물 신약으로 개발할 수 있을 것으로 기대하고 있다.

현대의 엉겅퀴 활용을 필자는 치료제 및 의약품원료로 이용, 기능식품원료로 이용, 화장품원료로 이용, 식용으로 이용, 기타식물 등 방제용 원료로 이용으로 구분지어 서술하였다.

가. 치료제 및 의약품원료로 이용

   실리마린은 간경화증, 만성간염의 예방과 치료제로 쓰인다. 이는 Silymarin의 간세포재생작용을 이용한 것이다. 전형적인 증상이 오심, 피로, 식욕부진, 체중감소, 진흙색깔의 분변, 발열 및 설사 등으로 나타나는 간염(肝炎)을 앓고 난 후 오랜 시간이 지나면 많은 경우에 간경화증으로 된다. 실리마린은 이런 경우에 이상적인 영양보충제이다. 우리나라의 간경화증 환자의 70~80%는 B형 간염에서, 10~15%는 C형 간염에 의해서 발생되고 나머지가 알코올로 인해 발생된다고 한다. 종합적인 연구조사는 되어있지 않은 상태지만, 실리마린을 오래 복용했더니 B형 간염에 대한 항체마저도 없어진 예가 있다고 보고되고 있다.

   또한 암 환자들에게는 항암제치료 후 체내에 축적될 수 있는 독극물성분들을 신속히 제거하여 회복을 촉진하는 역할을 하는 한편, 간의 염증을 치료하여 암의 진행을 막을 수 있도록 도와준다고도 한다. 실리마린은 간에 대한 해독작용이 탁월하다. 따라서 간에 해를 주는 약이나 독을 복용했다고 판단되면 실리마린을 미리 써보는 방법도 있다. 또 실리마린은 너무나 강력해서 생명에 위협적인 질병과 싸우기 위해 응급실에서 주사약으로 종종 쓰이기도 한다. 쓰이는 이유는 독버섯에 중독된 경우 간을 말살시키는 위협적인 질병의 상황으로 시간을 다툴 때 유용하게 쓰이기 때문이다. 간에 대한 강력한 독으로 작용하는 특정한 버섯의 성분이나 화학물질 중 4 염화탄소라는 성분이 있다. 이런 물질을 복용하면 거의 예외 없이 간이 녹다시피 하는 치명적인 해를 입게 된다. 그러나 실험실의 동물들에게 실리마린을 미리 복용시킨 후 버섯의 독성분이나 4염화탄소를 투여하였더니 간에 별다른 해독을 끼치지 않았다고 한다. 이와 같은 성질을 이용하여 실리마린을 간에 대한 해독제로 쓰고 있다. 아세타미노펜(Acetaminopen : 타이레놀)은 가장 많이 쓰이는 해열진통제이다. 그러나 이 약은 간에 대한 독성이 아주 강하다. 아세타미노펜을 과용하게 되면 간에 큰 해를 끼칠 수 있게 된다. 이때 실리마린을 복용하면 좋은 효과를 얻을 수 있게 된다. 이때 실리마린의 작용은 간뿐만 아니라 온몸에 대하여 가장 강력한 산화방지제로서의 역할을 하는 글루타티온을 올려줌으로써 간에 대한 해독작용을 한다고 보여진다. 급성간염일 때 실리마린을 복용한 사람들은 병세의 호전에도 좋았을 뿐 아니라 3주 후에 실시한 여러 가지 실험 조사 결과도 훨씬 좋았다고 한다. 만성간염일 때도 실리마린을 복용했더니 실험실 조사 결과는 물론 자각증상(간이 있는 부위에 대한 불편감, 식욕, 피부색, 피로감 등)도 좋아졌고, 실제로 만성간염에 대한 회복이 있게 되는 경우가 많이 있었다.

그리고 이웃나라 일본은 일찍부터 엉겅퀴를 정식 생약으로 정하고 많은 제약회사들이 경쟁적으로 취급하고 있는 현실이다. 미국에서는 비록 의약품으로는 인정되지 않고 있지만, 최근에는 스트레스

대책이라면 어김없이 밀크시슬이 추천되고 있다. 실제로 스트레스가 높아져 간장에 대한 부담이 늘어난 환자들에게 밀크시슬을 복용하게 하면 대개 단기간 내에 원기를 회복할 수 가 있었다.

현시대로 들어서서 엉겅퀴의 쓰임새가 날로 늘어나고 있고 따라서 엉겅퀴의 효능과 활용에 대한 연구와 사례가 날로 증가되고 있다.

병의 치료제 및 의약품원료로 이용한 사례들을 필자는 간 관련, 항암 관련, 심장 관련, 위장 관련, 피부 관련, 비만 관련, 관절염 관련, 성기능 관련, 대사성질환 관련, 항염증 및 항산화 관련, 면역증진활성 관련, 진정작용 관련, 기타 등으로 구분하여 서술하여 보았다.

1) 간 관련

오스트리아 비엔나대학 간장내과의 Ferenci 박사의 간질환에 관한 실험연구논문 「J Hepatol(1989)」을 보면, 170명의 간경화증 환자 중 87명에게 엉겅퀴추출액을 투여하고 83명에게 위약을 투여한 결과, 엉겅퀴추출액투여군의 4년 생존율은 58 +/- 9%(S.E.)이고 위약투여군은 39 +/- 9%로 통계적으로 확실한 효과가 있었으며, 특히 알코올성간경화에 효과적이었다(P = 0.01). 이를 볼 때 엉겅퀴가 간경변병에도 효과가 있을 수 있는 가능성이 있으며, 특히 알코올에 의한 간 손상에 좋다는 것을 알 수 있다. 또한 간경변증환자의 생존기간 연구는 미국 B형 간염 치료의 가이드라인에 인용되기도 하였다. 또 1992년 독일에서 실시된 간질환에 대해 대규모의 임상연구에서 지방간, 간염(B형 간염, C형 간염 등) 및 간경변 등을 앓고 있는 2,600여 명의 환자들에게 8주간 매일 정량의 밀크시슬 추출물을 섭취하게 한 결과, 이들 중 63%가 구토, 피로감, 거식증, 복통 등의 증상이 사라졌다고 하였다.

엉겅퀴는 건강한 간세포를 보호하며 손상된 간세포의 회복을 돕는다. 그 작용기전은 강력한 항산화제로서 세포막을 안정화하고 보호하여, 간을 비롯한 인체 내 장기가 유리기로부터 손상 받는 것을 방지한다. 간 내 글루타티온의 함유를 늘려서 간해독작용을 강화할 뿐만 아니라, 손상된 간세포가 재생되는 과정을 돕는다. 또한 강력한 항암기능을 가진 것으로 보인다고, 독일 에센대학생화학연구소 Dehmlow 박사는 flavonoid silibinin, 즉 엉겅퀴주성분의 간보호기전은 간의 Kupffer세포로 하여금 leu ko triene형성을 막아 간장보호기능을 한다고 간 전문지인 「Hepatology(1996)」에 발표하였다. 또한 Essen대학 소화기내과의 von Schonfeld J 박사는, 1997년 「Cell Mol Life Sci(Cell Mol Life Sci, 1997)」 학술지에 엉겅퀴추출물이 세포막을 안정화하여 알코올 등에 의한 소화기능저하를 예방할 수 있을 것이라고 발표했다. 밀크시슬의 약용성분인 실리마린의 복합화합물 중 가장 간장에 대한 효과가 높은 것이 '시리빈'이라는 물질인데 1992년에는 이것을 이용한 임상실험을 이탈리아의 바비아대학 제2의료센터에서 실시하였다.

그 결과 만성간염환자 20명에게 '시리빈'이 80㎎ 함유된 것을 1일 2회 2주일간 복용케 한 결과, 간 기능의 지표가 되는 GPT(ALT)가 평균 약 104단위에서 64단위로, GOT(AST)가 똑같이 약 116단위에서 54단위로 내려갔다고 하였다. 이렇게 엉겅퀴추출물의 효과우수성을 밝히고 있다. Milk thistle 추출물의 인체적용 연구결과, 간에서 글루타티온생성을 증가시켜 간의 해독기능을 돕고 유해물질로부터 간세포를 보호하며 손상된 간 조직재생을 돕는 것으로 확인되었다.

또 1981년경 독일의 뮤니치대학에서 연구가 겸 닥터 G. 포겔은 독버섯에 중독된 49명의 환자들에 대한 연구실험을 한 결과, milk thistle의 구성성분을 환자들에게 주사로 투여하였는데 닥터 포겔은 정확하게 그 결과들에 놀라움과 경이로움으로 극찬을 마다하지 않았다. 독버섯에 의한 사망률은 보통 30~40% 정도인데, milk thistle의 구성성분은 그것을 0%로 만들었다고 한다.

간과 관련하여 국내에서 발표한 자료들을 살펴보았다. 「엉겅퀴가 실험동물에서 에탄올을 투여한 간과 혈청 지질대사에 미치는 영향(2001, 오영범 외 4)」에서는 엉겅퀴가 간 손상의 완화 효과와 혈청지질을 개선하는 효과가 있다고 하였다. 「우유엉겅퀴의 항산화특성에 대한 식물 화학적 분석(2006, Pendry Barbara 외 2)」에서는 밀크시슬의 지질과산화가 간질환의 발병 역할을 억제 소거할 수 있다고 하였다. 「고려엉겅퀴의 항산화 및 간보호활성과 Syringin의 분리(2008, 이성현)」에서는 Syringin의 약리적 효과는 항염증과 통증억제 효과, PC12h 세포의 뉴런분화촉진 효과 그리고 간을 보호하는 효과로 알려져 있다 하였다. 「사자발쑥과 고려엉겅퀴추출물의 항산화 및 간암세포 활성(2011, 김은미)」에서는 고려엉겅퀴추출물이 간암예방에 효과적이라 했다. 「엉겅퀴 뿌리 및 꽃 추출물의 간 성상세포 활성 억제 효과(2012, 김상준 외 8)」에서는 엉겅퀴 꽃 추출물이 간 성상세포활성조절을 위한 치료제로 사용될 수 있다고 하였다. 「엉겅퀴 추출물의 기능 성분 분석 및 TGF-beta에 의한 간 성상세포활성 억제 효과(2013, 김선영 외 8)」에서는 엉겅퀴의 지상부가 지하부에 비해 간질환치료제 및 보조제로 유용하다고 하였다. 「고려엉겅퀴(곤드레)의 영양성분 및 생리활성(2014, 이옥환 외 8)」에서는 고려엉겅퀴의 성분이 간보호 작용제로 가능성이 있다고 하였다. 「엉겅퀴의 항산화활성 및 손상된 흰쥐 간세포(BNL CL.2)에 대한 간 보호 효과(2017, 김선정 외 3)」에서는 엉겅퀴의 간 보호 효과는 엉겅퀴 지하부가 지상부보다 높게 나타났다고 하였다.

2) 항암 관련

엉겅퀴의 항암기능은 피부암, 전립선암, 방광암 등의 각종 암 질환을 예방할 수 있는 가능성이 높다. 최근 일본기후대학 비뇨기과 모리 박사 팀(Jpn J Cancer Res, 2002)은 논문을 통해 동물실험에서 엉겅퀴추출액이 방광암을 예방하는 실험결과가 나왔다고 보고하였다. 또 미국콜롬비아대학의학센터 캐라 켈리 박사의 연구를 발표한 미국암학회 저널인 「암(癌-cancer)」에 의하면, 항암치료 부작용으로 인한 간 손상이 발생한 급성림프구성 백혈병소아환자 50명에게 큰 엉겅퀴에서 추출한 실리마린으로 치료를 한 결과 큰 효과가 나타났다고 한다. 급성림프구성 백혈병환자의 경우 항암치료 때문에 간 손상이 자주 일어난다. 간에 염증이 생기게 되면, 일반적으로 의사들은 항암약물의 용량을 줄이거나 치료를 중단하곤 했다. 이 경우 항암치료 과정에 차질이 생기게 되므로 문제가 됐었다. 간에 염증 등으로 손상이 있을 경우 간세포가 파괴되면서 내부의 아스파테이트 아미노 전이효소(AST) 및 아미노 알라닌 전이효소(ALT) 등이 새어 나와 혈중농도가 증가하게 된다. 이번 연구결과 실리마린을 섭취한 대상 집단의 환자들은 AST, ALT 농도가 모두 감소했으며, 간 독성 때문에 줄일 수밖에 없던 항암약물의 양도 기존 72%에서 61%로 낮아졌다. 또한 세포배양 실험결과, 실리마린은 항암약물의 치료 효과에도 아무런 방해를 하지 않는 것으로 밝혀졌다. 엉겅퀴에 있는 실마리린이라는 물질이 항암치료를 받는 암 환자들의 간 손상을 완화할 수 있다는 결과가 나온 것이다. 실마리린은 알코올성간경변증으로 인한 간 손상에 효과가 있다는 기존 연구결과들이 있었지만, 이번에는 획기적인 효과가 나왔다고 과학전문지 「사이언스데일리」가 보도했다. 그리고 '엉겅퀴의 추출물이 암세포증식을 억제하는 효능을 발견했다'고 암 전문지인 「임상암연구(Dinical Cancer Research)」에서 발표하였다. 임상암 연구에 의하면 엉겅퀴에서 추출한 실리비닌이라는 성분이 암세포의 증식을 억제하는 효능이 있다는 새로운 연구결과가 나왔다고 한다. 미국 콜로라도대학의 라제시아가르왈(Rajesh Agarwal) 박사가 '실리비닌이 산화질소를 만드는 유도성 산화질소합성효소(INOS)의 활동을 억제함으로써, 폐암세포의 수와 종양의 크기를 줄인다'고 발표했다. 아가르왈 박사는 폐암에 걸린 쥐들에게 실리비닌을 투여한 결과 12주 후 폐종양이 평균72% 줄어들었다고 밝혔다. 그러나 같은 폐암 쥐라도 산화질소합성효소를 만들지 못하도록 유전 조작된 쥐들에게는 실리비닌을 투여해도 아무런 효과가 나타나지 않았다고 덧붙였다.

항암과 관련하여 국내에서 발표한 자료들을 살펴보았다. 「고려엉경퀴의 생리 화학적 구성요소와 사람 암세포주에 대한 세포독성(2002, 이원빈 외 6)」에서는 다섯 가지 사람 암세포주에 대해 유익한 세포독성작용을 보였다고 하였다. 「엉경퀴추출물의 항산화성, 항돌연변이원성 및 항암활성 효과(2003, 이희경 외 5)」에서는 엉경퀴추출물이 암세포에 대한 높은 억제 효과에 비해 정상세포에 대해서는 비교적 낮은 독성 효과를 나타내는 것으로 확인할 수 있었다고 하였다. 「엉겅퀴의 건강기능성 및 그 이용에 관한 연구(2005, 엄혜진 외 1)」에서는 암세포에 대한 높은 억제 효과에 비해 정상세포에 대해서는 낮은 독성 효과를 보였다고 하였다. 「대장암에 대한 Silibinin과 방사선 병합치료의 효과(2010, 이정은)」에서는 엉겅퀴성분인 Silibinin은 대장암 치료에서 방사선의 효과를 증대시킬 수 있는 새로운 방사선감작제로 사용될 수 있다고 하였다.

엉겅퀴는 이미 수많은 사람들에 의하여 애용되고 있는 대중적인 약재 품목이다. 플로리다에 있는 Nova Southeastern대학 약학대의 Bernstein BJ 박사의 미국 암 환자에서 대체요법사용 환자현황(Oncology〈Huntingt〉, 2001)을 보면, herbal제품을 사용하는 환자의 많은 수가 녹차추출물, echinacea, 상어연골, 포도씨, 엉겅퀴를 사용한다고 나와 있다. 또한 2001년 Mayo크리닉에서 발간한 「Mayo Clin Proc」 잡지에 Minnesota대학 예방의학과 Harnack LJ 박사가 발표한 'Minneapolis 성인의 herbal products 사용현황'은 다음과 같다. '752명 중 580명이 조사가 가능했고, 이 중 지난 1년 동안 230명(61.2%)이 사용한 경험이 있었고 13개의 herb 중 사용빈도로 나열해보면 30.9%는 인삼으로부터, 3.0%는 엉겅퀴를 사용했다'고 한다.

3) 심장 관련

식품으로서 섭취되는 플라보노이드는 심장병의 예방에 큰 구실을 한다고 알려져 있는데, 주로 차(茶)류가 61%, 야채류가 13%, 과일류에서 10% 정도가 공급된다고 한다. 플라보노이드는 심장질환으로 인한 사망의 감소와 예방에 상관관계가 매우 높다. 예를 들어 보면, 프랑스 남쪽지방에서는 지방식과 담배를 즐겨 함에도 불구하고 심장질환이 적은 이유가 플라보노이드가 많이 들어 있는 적포도주와 올리브유 및 야채를 많이 먹기 때문이라고 한다. 그리고 인체에서 플라보노이드의 대사에서 생리활성을 나타내는 섭취량은 1일 약 23~170㎎ 정도라고 한다. 이처럼 플라보노이드가 다수의 식물에 함유되어 있으나, 특히 그 중에서도 엉겅퀴(Silybum marianum)에 많이 함유되어 있다.

심장과 관련하여 국내에서 발표한 자료들을 살펴보았다. 「엉겅퀴에서 분리 정제한 Silymarin의 사람 Low Density Lipoprotein에 대한 항산화 효과(1997, 이백천 외 4)」에서는 엉겅퀴의 Silymarin이 동맥경화 부위에서 low density lipoprotein의 산화방지를 할 수 있다고 하였다. 「엉겅퀴의 지상부의 심혈관 작용활성 및 후라본 배당체 분리(1997, 임상선 외 2)」에서는 엉겅퀴의 Flavonoid 배당체가 hispidulin 7-0-α-L-rhamnopyranosyl $\langle 1 \rightarrow 2 \rangle$ -β-D-glu-copyranoside로 밝혀져 이는 심박수 증가 및 심근과 흉부대동맥을 수축시켜 혈압을 상승시키는 효과가 있다고 하였다. 「Silibinin 에 의한 혈관 내피 ECV304 세포 고사의 유발 기전(2005, 정성남)」에 서는 Silibinin은 전사인자 NF-kB 억제, Bcl-2와 Bax의 발현비율 의 변화, caspase성화 등을 통해 내피세포고사를 유발하고 암 조 직에서 혈관생성을 억제하여 항암 효과를 나타낼 수 있다고 하였 다.

4) 위장 관련

위장과 관련하여 국내에서 발표한 자료를 살펴보았다. 「엉겅퀴추 출물 및 분획물의 항위염 및 항위궤양 효과에 대한 연구(2011, 이유 미 외 3)」에 따르면 엉겅퀴의 위염치료제 개발가능성을 확인하였다고 하였다.

5) 피부 관련

언제쯤일지 몰라도 언젠가 엉겅퀴는 피부암과의 전쟁에서 중요 한 무기로 쓰일 수 있다. 미국 클리블랜드에 있는 Western Reserve University에 재직하는 과학자들은 실리마린을 자외선에 노출한 쥐들의 피부에 발랐을 때 피부종양이 약 75% 더 적게 발생했다고 보고하고 있다. 또한 미국 Case Western Reserve대학 피부과의 Katiyar교수가 미국국립암연구소학술지를 통해 1997년(J Natl Cancer Inst, 1997)에 발표하기를, 자외선에 의하여 발생하는 피부암을 엉겅퀴가 예방하는 기전을 알기 위하여 누드마우스실험을 한 결과, 투여군에서 암 발생율을 100%에서 25%로 낮추었고 (P<.0001), 화상(sunburn), 세포사멸, 피부부종, cyclooxygenase(COX) 활성, ornithine decarboxylase(ODC)활성을 현저히 낮췄다. 이는 강력한 항산화기능을 통하여 암이 발생되는 것을 억제하는 것으로 증명되었다고 하였다. 또 동 대학 피부과 Zi 박사가 1997년 BBRC에 발표(Biochem Biophys Res Commun, 1997)한 내용을 보면 엉겅퀴는 실험적으로 암을 유발하는 12-O-tetradecanoylphorbol13-acetate(TPA)와 okadaic acid(OA)의 기능을 강력히 억제하여, 몸속에서 생성하는 발암유발 물질인 TNF alpha.를 강력히 억제시켜 발암을 억제하는 것을 발견하였다.

또 캐나다에 있는 McGill University의 Lady Davis연구소로 옮긴 Zi 박사는 엉겅퀴가 갖는 여러 종류 암세포의 성장을 억제하는 항암 효과가 insulin-like growth factor-binding protein 3(IGFBP-3)의 발현을 증가하여 prostate 암세포의 증식을 억제한다고 「Cancer Research」학술지에 2000년에 발표(Cancer Res, 2000)했다.

인간의 피부는 외부와 직접 접하는 경계영역에 위치하기 때문에 여러 가지 자극을 끊임없이 받고 있다. 화장품은 이러한 외부자극으로부터 피부의 항상성 유지를 위해 기본적인 기능을 보다 높여 적극적인 약리효과를 기대할 수 있는데, 의약부외품이나 화장품에 통상의 성분에 추가하여 각종의 약제가 배합된다. 그중에서는 미백용 약제로 알부민, 코직산, 비타민C 및 그 유도체, 프라센타엑기스 등을 사용하고 있다. 미백용 약제의 작용은 피부의 멜라닌 생성 및 대사메카니즘으로부터 멜라노사이트 내에서의 멜라닌생성 억제, 이미 생성된 멜라닌의 환원, 표피 내 멜라닌의 배설촉진, 멜라노사이트에 대한 선택적 독성임을 알 수 있다. 멜라노사이트 내의 티로시나제는 인체 내의 멜라닌생합성경로에서 가장 중요한 초기 속도결정 단계에 관여하는 효소로서 많은 미백성분이 이 효소를 억제하는 작용기전을 가지고 있다. 여기서 멜라닌색소는 피부에서 자외선을 흡수, 산란시키는 기능을 가지고 자외선에 대한 방어에 있어 중요한 역할을 한다. 그리고 멜라닌생성 과정 중 티로시나제는 멜라닌의 생합성 과정에서 중추적 역할을 하기 때문에 티로시나제 생성을 억제하는 미백물질의 탐색에 있어서 티로시나제를 통한 미백활성물질의 연구가 중요함을 알 수 있다. 또한 인간의 피부노화를 일으키는 원인으로 여러 가지 요인이 있겠으나, 피부의 구조적 변화와 생리적인 기능이 감소하는 자연노화(내인성노화)와 자외선이나 주변 환경 등 누적된 외부자극에 의한 광노화로 구분할 수 있는데, 이 노화현상은 자외선, 흡연 등에 의해 발생한 유해산소와 콜라겐분해효소가 중요한 역할을 하는 것으로 알려져 있다. 먼저 유해산소는 세포막에 있는 기질을 공격하여 이를 산화시키고, 산화된 지질에 의해 세포막은 손상되어 정상적인 피부세포의 역할이 제한된다. 두 번째는 콜라겐 분해효소의 증가로, 콜라겐섬유의 변성 및 파괴는 외적 노화에 의한 주름발생에 매우 중요한 원인이다. 피부에 직접적인 영향을 주는 자외선은 피부의 표피와 진피층에 깊게 투과하며, 산화제로 작용하여 활성산소종을 생성한다. 이와 같이 자외선으로부터 생성된 활성산소종은 실질적으로 피부의 효소적, 비효소적 항산화방어체계의 불균형을 초래하여 피부는 산화상태 쪽으로 유리하게 기울어지고 세포성분들에 대한 손상을 야기시켜 결과적으로 주름을 생성시키는 원인물질이 된다고 한다. 또 생체 내에서 콜라겐과 같은 세포외기질의 합성과 분해는 적절하게 조절되나 노화가 진행되면서 그 합성이 감소하며 자외선 조사에 의해 다양한 기질단백질분해효소의 발현이 촉진되고, 콜라겐을 분해하는 효소는 종류가 다양하며 그중 가장 많이 알려져 있는 것이 콜라겐 typeI을 분해하는 collagenase (MMP-1)이다.

피부와 관련하여 국내에서 발표한 자료들을 살펴보았다.

「고려엉겅퀴 추출물의 사람 섬유아세포에 있어서 자외선으로 유도된 MMP-1발현 저해와 피부탄력 개선 효과(2007, 심관섭 외 5)」에서는 고려엉겅퀴추출물은 우수한 항노화소재로써 활용될 수 있다고 하였다. 「엉겅퀴추출물실리마린의 피부미백 효과(2009, 추수진 외 9)」에 따르면 엉겅퀴추출물은 이상적인 피부미백소재라고 하였다.

「고려엉겅퀴의 HPLC 패턴 비교 및 미백활성 연구(2010, 허선정 외 5)」에서는 고려엉겅퀴지상부의 에탄올추출물이 멜라닌생성세포 사멸 효과가 매우 우수하여 피부미백활성에도 유익하다고 하였다. 「고려 엉겅퀴의 멜라닌 생성에 미치는 영향(2012, 허선정)」에서는 scopoletin이 멜라닌생합성신호 전달과정 중에 관여하여 멜라닌생성을 촉진시키는 물질임을 예측할 수 있어 인공썬탠, 백반증, 백색증 등의 천연물원료로 가능하다고 하였다. 「흰무늬엉겅퀴 열매추출물의 자외선에 대한 피부보호 효과(2019, 김대현 외 5)」에서는 흰무늬엉겅퀴추출물이 광노화를 방지하고 피부를 보호하는 데 유용하다고 하였다.

6) 비만 관련

21세기에 들어서는 사회의 변화에 따른 생활환경 개선과 윤택한 식생활의 편리에 따른 고도의 비만 인구가 계속 증가하고 있는 추세이다. '비만(肥滿)'은 열량섭취와 에너지소비의 불균형으로 발생하는 질환으로 당뇨병, 고혈압, 동맥경화, 암 및 심혈관계 질환 등 대사성질환을 유발할 수 있는 주요 요인으로 현대인의 건강을 크게 위협하고 있다. 이에 세계보건기구(WHO)에서 1992년부터 질환으로

규정할 정도로 전 세계인의 건강을 위협하는 요소로 인식되고 있다. 대표적으로 항비만용으로 활용되고 있는 치료제는 췌장지방분해효소를 억제함으로써 내장지방을 감소시키는 orlistat와 식욕을 억제시키는 sibutramine가 알려져 있다. 그러나 이런 비만치료약은 심각한 부작용을 유발하였고, 때문에 최근에는 안전성이 확보된 천연물을 대상으로 연구가 활발히 이루어지고 있다.

특히 식물유래 polyphenol 중 flavonoid계열의 바이오활성물질은 항산화뿐만 아니라 비만을 개선하는 데 효과가 있는 것으로 알려져 있는데, 더욱이 엉겅퀴에 함유된 Apigenin(4', 5,7 -trihydroxy-flavone)은 yellow crystalline 바이오 활성물질로 비만에 효과가 매우 높다고 한다. 비만과 관련하여 국내에서 발표한 자료들을 살펴보았다. 「3T3-L1 전구지방세포에서 Insig 신호전달체계를 통한 Silibinin의 지방 생성 감소 효과(2009, 가선오)」에서는 엉겅퀴추출물인 Silibinin은 지방세포의 분화에서 초기에 insig-1과 insig-2의 활성화를 통해 지방세포의 분화를 억제한다고 하였다. 「고지방 식이로 유도된 비만 쥐에서 실리빈(Silybin)이 체중 및 내당 등에 미치는 영향(2011, 허행전 외 1)」에서는 실리빈은 혈장의 TG 및 관련 adipokine들의 분비를 억제하여 체중조절에 효과를 나타낸다고 하였다. 「ERK 및 p38 MAPK 경로를 통해 지느러미엉겅퀴 메탄올추출물의 지방세포분화 억제(2011, 이은정 외 3)」에서는 지느러미엉겅퀴메탄올추출물이 비만치료에 유익하다고 하였다. 「엉겅퀴 부위별 열수추출물의 항비만 효과(2015, 윤홍화 외 4)」에서는 엉겅퀴꽃추출물과 잎추출물은 비만치료를 위한 기능성소재로 활용이 가능하다고 하였다. 「수확시기별 고려엉겅퀴 주정추출물의 항산화 및 항비만 활성 비교 (2017, 조봉연 외 9)」에서는 고려엉겅퀴추출물이 지방세포에 대한 독성을 나타내지 않았고, 지방세포분화 중 세포내 지방축적 및 ROS생성량을 비교한 결과 모두 유의적으로 억제되는 것으로 나타났다고 하였다.

7) 관절염 관련

'염증'은 외부자극물질에 대하여 반응하는 면역학적 현상으로, 과도할 경우 혈관의 투과성 변화로 정상조직을 손상시킨다. 또 나이가 들면서 발병되는 '관절염'은 전 세계에서 성인인구의 약 10% 정도에서 발병된다. 이러한 관절염은 관절부위에 만성적으로 염증반응을 유발하여 관절세포를 파괴함으로써 통증을 야기하여 삶의 질을 크게 훼손하는 질환이다. 이는 골관절염과 류마티스관절염으로 구분되는데, 전자는 연골의 퇴행성 변화로 관절을 이루는 뼈와 인대에 손상이 발생되어 염증과 통증을 동반하는 질환이지만, 후자는 관절활막의 염증으로 연골파괴와 골미란이 발생해 관절 간격이 좁아지거나 관절의 변형을 유발하는 대표적인 만성염증성자가면역질환의 일종으로 유전적 및 환경적 요인에 의해 유발되는데, 세계 인구의 약 1% 정도에게 발생되고, 여성이 남성에 비해 약 2.5배 정도의 유병률을 보이고 있다. 국내에는 1~2% 정도로 30~50대에서 주로 발생된다.

관절염과 관련하여 국내에서 발표한 자료들을 살펴보았다. 「엉겅퀴 잎 수용성추출물의 콜라겐 유도 관절염 억제 효과(2013, 강현주 외 6)」에서는 엉겅퀴잎추출물이 관절염과 같은 만성염증성질환을 개선하는데 효과적인 물질이라고 하였다. 「국내자생약초 엉겅퀴의 류마티스관절염에 대한 효능연구(2015, 농촌진흥청)」에서는 엉겅퀴종자껍질추출물은 염증유도물질인 산화질소를 줄여 염증을 가라앉히고, 통증유발물질인 프로스타글란딘E2의 형성을 억제해 통증을 덜어 주는 것으로 나타났다고 하였다.

8) 성기능 관련

남성 성기능장애는 발기부전, 정자결핍, 약정자증, 무정자증의 원인이 되고, 산화적 스트레스는 성기능장애에 영향을 줄 수 있는 하나의 요소라고 할 수 있다.

성기능과 관련하여 국내에서 발표한 자료들을 살펴보았다. 「우유 엉겅퀴에서 분리한 아피게닌의 생리활성(2011, 김동만)」에서는 엉겅퀴에서 추출한 아피게닌은 비만, 염증, 노인성성기능장애에 효과가 있다고 하였다. 「엉겅퀴로부터 분리한 아피게닌의 과산화수소-유발고 환세포독성 방어 효과(2012, 유성광)」에서는 엉겅퀴추출물인 아피게닌은 산화적 스트레스로 인한 성기능장애를 본질적으로 치료 및 예방할 수 있는 천연약물로 활용이 가능하다고 하였다. 「엉겅퀴발효추출물을 통한 남성 갱년기증상 개선 효과(2017, 정병서 외 2)」에서는 엉겅퀴발효추출물이 테스토스테론 합성을 직접 촉진시킬 수 있음을 확인하였다고 했다.

9) 대사성질환 관련

엉겅퀴로 당뇨병도 치료가 가능하다고 한다. 당뇨병은 전 세계 인구의 약 3%가 고통받고 있는 병으로 환경적, 유전적 및 대사적 요인에 의해 췌장에 있는 β-세포에서의 인슐린분비장애와 말초조직에 대한 인슐린저항에 의해 나타난다. 엉겅퀴의 씨앗에서 추출하는 천연약물인 실리마린이 혈액의 헤모글로빈에 결합하는 당을 현저히 낮추어 주고 거기에 혈당까지 낮추어 주어서, 당뇨 환자들에게 큰 도움을 주었다는 연구결과가 세계 유명 과학저널인 「Phytotherapy Research(식물학연구)」에 발표되었다. 51명의 2형 당뇨병 환자들을 대상으로 2년간 실시된 무작위 이중 맹검시험에서 25명에게 1일 3

회 실리마린 200㎎을 4개월간 투여하였고, 나머지 26명에게는 위약을 같은 조건으로 투여했으며, 환자 전원은 임상시험 내내 기존 혈당 치료제를 이용했으며 매달 상태가 평가되었다. 시험 시작시점과 비교하여 약물투여그룹은 공복 시 혈당수치가 크게 감소되었고, 당화헤모글로빈의 수치도 대폭 경감되었다. 반면 위약그룹에서는 두 평가항목이 상승하였다. 또한 약물투여그룹에서는 혈중지질이 감소했다. 이 연구를 주도한 이란의 테헤란약식물연구소의 휴세이니 박사는 '정확한 기전은 알 수 없으나 실리마린이 2형 당뇨의 치료에 있어서 중요한 역할을 하는 것은 분명하다'며 당뇨병치료에도 효과가 있음을 말했다. 2형 당뇨는 과체중 및 비만과 연관되어 있어 세계 각국의 심각한 보건문제다. 연구결과 실리마린이 일부 2형 당뇨를 가진 환자의 혈당을 낮추는 효과가 있는 것으로 나타났다고 밝히고 있다. 그리고 최근 이란의 한 생약연구소연구팀은 유럽산 엉겅퀴 엑기스가 당뇨병 환자의 당화헤모글로빈수치와 함께 총콜레스테롤, LDL콜레스테롤, 중성지방 등의 수치를 낮추는 데 상당히 효과적이라고 발표했다.

인간에 있어 '우울증'은 슬픔과 무기력감 등의 주관적 정서와 함께 신체기능 및 인지기능이상을 동반하는 심각한 정신장애로, 가장 핵심적인 증상은 보상적인 자극에 대한 흥미와 즐거움의 상실이다. 그밖에 식욕감퇴와 체중감소, 불면증, 활동력 저하, 주의집중장애 등의 증상을 포함한다. 이런 우울증은 신경증적 우울증과 정신병적 우울증으로 나눌 수 있는데, 신경증적 우울증은 '반응성우울증'이라고도 하며, 외부의 정신사회적스트레스에 의해 발병하는 것으로 사회적기능장애가 적으며, 정신병적인 우울증은 망상, 환각, 혼돈 등의 증세를 보이며, 현실감의 상실 및 정신기능장애가 수반되는 것으로 설명되고 있다. 우울증은 최소한 2주 이상 우울하고 흥미나 즐거움이 없는 기분이 지속되는 상태로서, 일생을 통하여 우울증에 걸릴 확률은 여성의 경우 4명당 1명, 남성의 경우는 10명당 1명으로 매우 높다고 할 수 있다. 특히 핵가족화, 개인주의, 업무중심주의의 현대사회에서 복잡하고 스트레스 높은 오늘날의 사회 환경은 우울증의 주요 요인으로 되고 있다. 또한, 통칭 '치매'라고 불리는 알츠하이머병, 파킨슨병, 뇌졸중 및 헌팅턴병과 같은 퇴행성신경질환의 주요 원인은 활성산소종으로 인한 산화적 스트레스 때문인 것으로 알려져 있다. 이는 세포막의 지질, 단백질 및 DNA를 손상시켜 세포자살 및 세포괴사를 유도하며 궁극적으로 퇴행성신경장애를 유발한다.

대사성질환과 관련하여 국내에서 발표한 자료들을 살펴보았다. 「지느러미엉겅퀴의 抗糖尿活性 및 成分研究(2002, 박시경)」에서는 외래종으로 토착화된 지느러미엉겅퀴에서 항당뇨에 관련된 물질을 추출하였다 한다. 「엉겅퀴 섭취가 Streptozotocin 유발 당뇨 흰쥐의 혈당과 지질수준에 미치는 영향(2010, 한혜경 외 2)」에서는 엉겅퀴 섭취가 당뇨유발로 인한 체중감소와 식이이용효율감소 억제에 효과가 있다고 하였다. 「곤드레 추출물의 최종당화산물의 생성저해 및 라디칼소거 활성(2016, 김태완 외 3)」에서는 천연물유래의 라디컬 소거능 및 AGEs생성저해능을 지니는 새로운 천연기능성소재로 활용가능하다고 하였다. 「곤드레 또는 참취를 함유한 빵의 뇌신경 보호 효과(2014, 권기한 외 2)」에서는 고려엉겅퀴추출물은 뇌신경세포에서 항산화 효과와 뇌신경 보호 효과를 나타내는 유익성을 보였다고 하였다. 「좁은잎엉겅퀴추출물의 산화방지활성 및 산화적스트레스에 대한 PC12세포 보호 효과(2016, 장미란 외 1)」에서는 엉겅퀴를 꾸준히 섭취하였을 때 천연산화방지제로 작용하여 신경퇴행을 예방함으로써 알츠하이머병, 파킨슨병 및 헌팅턴병 등의 질병위험을 줄일 수 있을 것이라고 하였다. 「ICR 생쥐에서 엉겅퀴잎추출물의 항우울 효과(2006, 박형근 외 8)」에서는 엉겅퀴추출물이 항우울작용과 우울증으로 인한 활동성저하도 회복시킬 수 있을 것이라고 하였다. 「大薊와 실리비닌의 mouse BV2 microplial cells에서 lipopolysaccha-ride에 의해 유발된 염증반응에 대한 신경보호 효과(2007, 여현수 외 4)」에서는 엉겅퀴와 실리비닌은 관련된 신경퇴화성 질환을 위한 약물로 유용할 것이라고 하였다. 「천연소재 MS-10의 에스트로겐 수용체 조절을 통한 여성건강 증진(2016, 노유헌 외 9)」에서는 엉겅퀴와 타임의 복합추출물인 MS-10은 여성갱년기증상을 개선하는데 사용될 수 있다고 하였다.

10) 항염증 및 항산화 관련

인체에 있어서 노화 또는 심혈관계 만성질환을 앓고 있는 환자의 경우 대량의 활성산소가 생산되어 세포나 조직에 치명적 손상을 주게 된다. 또 산화적 스트레스는 생체에서 산화촉진제와 항산화제의 불균형을 유발하여 각종 질환을 일으키는 것으로 알려져 있다. 그러므로 만성 및 염증성질환을 예방하거나 치료하기 위해서는 생체에 존재하는 SOD, 카탈라아제 및 glutathione reductase 등과 같은 항산화효소의 활성 유지는 물론, 비타민 C와 E, 셀레니늄을 비롯한 폴리페놀과 플라보노이드와 같은 외부천연물질을 적당하게 섭취하는 것이 매우 중요하다. 또한 생체 내에서 산화와 관련된 현상으로 인식되고 있는 노화의 원인으로 활성산소종에 의한 산화적 대사부산물이 중요한 원인으로 대두되어 이들의 제거에 대한 관심이 높아지고 있다. 특히 활성산소는 강한 산화력이 있어 세포막분해, 단백질분해, 지방산화, DNA합성 억제, 광합성억제, 엽록체의 파괴 등 생체 내에서 심각한 생리적인 장애를 유발한다. 우리 몸에서 일어나는 염증반응은 생체나 조직에 물리적 작용이나 화학적 물질, 세균감염 등에 의한 손상이 일어날 때 그를 수복·재생하려는 기전인데, 지속적인 염증반응은 점막 손상을 촉진하며 암 발생 등의 질환을 유발하기도 한다. 또한 혈전(血栓)으로 인해 생기는 질환인 혈전증은 뇌졸중, 심근경색 등의 원인이 되며, 죽상동맥혈전 또는 혈전뇌경색은 혈관의 평활근세포증식, 혈관내피세포염증, 혈소판응집에 영향을 미친다. 이처럼 혈관손상과 관련된 혈행 장애질환을 치료하기 위해서는 염증 관련 사이토카인과 부착분자의 발현을 조절할 수 있는 물질 개발이 필수적인데, 대표적인 약물로 rivaroxaban, aspirin 등이 많이 사용되고 있으며, 장기간 복용하면 약물내성과 함께 부작용이 유발된다.

항염증 및 항산화와 관련하여 국내에서 발표한 자료들을 살펴보았다. 「쑥 및 엉겅퀴가 식이성 고지혈증 흰쥐의 혈청지질에 미치는 영향(1997, 임상선)」에서는 혈청 중 중성지질과 인지질의 농도는 엉겅퀴분말급여군에서 가장 낮았다고 하였다. 「울릉도산 산채류 추출물의 총 폴리페놀함량 및 항산화 활성(2005, 이승욱 외 4)」에서는 물엉겅퀴추출물이 높은 저해율을 보였다고 하였다. 「부위별 고려엉겅퀴의 이화학적 성상 및 항산화 활성 효과(2006, 이성현 외 6)」에서는 항산화능은 잎이 뿌리의 2배 이상 더 강하게 나타났다고 하였다. 「엉겅퀴액상추출물로 인한 게놈 에스트로겐수용경로의 조절에 관한 연구(2008, 박미경 외 5)」에서는 엉겅퀴액상추출물이 에스트로겐성 효과를 가지고 있고, 혈관성질환의 치료에 도움이 될 것이라고 하였다. 「식용 고려엉겅퀴추출물의 항염증 효과와 HPLC분석(2009, 이성현 외 3)」에서는 에탄올추출물은 강한 항염증활성을, 뿌리에서 분리한 시린진은 산화질소생성을 저해하는 것으로 나타났다고 하였다. 「엉겅퀴부위별 추출물의 항산화 및 항염증 효과(2011, 목지예 외 8)」에서는 엉겅퀴 잎과 꽃의 열수추출물은 항산화 및 항염증 효과가 있고 산화 및 염증 관련 질환을 치료하는 데 유용하게 활용할 수 있다고 하였다. 「RAW 264.7 세포에서 NF-KB 활성 억제로 LPS-유도 염증반응을 저해하는 엉겅퀴유래 폴리아세틸렌 화합물(2011, 강태진 외 3)」에서는 PA는 NF-{kappa}B 활성을 저해함으로써 항염증 효과를 가진다고 하였다. 「국내자생 엉겅퀴추출물의 항산화 성분 및 활성(2012, 장미란 외 3)」에서는 항산화활성의 유의적인 상관성이 있음을 확인할 수 있었다고 하였다. 「엉겅퀴 70% 에탄올 추출물의 RAW264.7 세포에서 heme oxygenase-1 발현을 통한 항염증 효과(2012, 이동성 외 7)」에서는 엉겅퀴가 염증성질환치료제로 유용하게 사용될 수 있다고 하였다. 「엉겅퀴 잎 및 꽃 추출물이 정상인 적혈구와 혈장의 산화적 손상에 대한 보호 효과(2012, 강현주 외 8)」에서는 엉겅퀴 잎 및 꽃의 열수추출물은 인간적혈구의 산화적 스트레스에 대한 보호 효과가 우수한 소재임을 확인하였다고 하였다. 「Ferric Chloride로 유도된 렛트 경동맥 손상 및 혈전에 대한 수용성 엉겅퀴 잎 추출물의 혈행 개선 효과(2013, 강현주 외 6)」에서는 엉겅퀴 잎 추출물이 혈전을 개선하는 효과가 있다고 하였다. 「표준화된 고려엉겅퀴추출물의 아질산염 소거능 및 항염증 효과(2019, 권희연 외 7)」에서는 고려엉겅퀴는 항염증 효과를 가진다고 하였다. 「ERK1/2-Bim 신호 전달기전을 표적으로 한 Silymarin의 새로운 타액선종양 치료대안에 관한 연구(2015, 오세준)」에서는 Silymarin 처리에 의해

ERK½ 신호기전의 억제는 전세포 사멸 Bcl-2 family 구성원인 Bim 의 발현을 증가시키며, 미토콘드리아 매개 세포사멸이 유도된다는 것을 확인하였다고 하였다.

11) 항균 관련

항균과 관련하여 국내에서 발표한 자료는 「지역별 국내 자생 엉경퀴추출물의 항균활성(2014, 장미란 외 3)」으로, 국내자생 엉경퀴의 플라보노이드는 유해세균, 곰팡이 및 바이러스에 대한 강한 천연항균제로 알려져 있다고 하며 식품의 식중독균의 생장을 저해하여 천연항균제로서 안전성 및 저장성증진에 효과가 기대된다고 하였다.

12) 면역증진활성 관련

과학의 발달과 더불어 백신과 약물요법의 발전으로 많은 질병을 치료할 수 있게 되었다. 그러나 20세기 후반부터 대두되기 시작한 내인성만성질환의 경우, 백신 및 약물에 의한 뚜렷한 치료법은 발견되지 않았다. 오히려 약물부작용 및 반작용 등으로 치료에 어려움을 겪는가 하면, 한의학 및 민간요법에서 그 효능을 인정받고 있던 천연물질 및 생약이 일정한 개선 효과를 나타내어 관심을 끌기도 하였다. 따라서 작금에 들어서는 동서양을 막론하고 면역증진활성을 가지는 천연물질 및 생약에 대한 관심과 수요도 증가하고, 또한 연구도 활발해지고 있는 추세이다.

면역증진활성과 관련하여 국내에서 발표한 자료들을 살펴보았다. 「국화과 약용식물의 면역증진활성 검색(2002, 이미경 외 5)」에서는 엉경퀴추출물은 높은 암세포생육억제활성을 나타내었다고 하였다. 「엉경퀴추출물이 종양면역에 미치는 영향(2006, 박미령 외 5)」에서는 엉경퀴추출물은 대식세포와 NK세포의 활성을 증강시켜 면역조절과 항암치료를 위한 효과적인 생약임을 알 수 있다고 하였다.

13) 진정작용 관련

진정작용과 관련하여 국내에서 발표한 자료는 「고려엉경퀴의 페놀성 물질에 대한 고성능액체크로마토그래피 분석의 타당성 검증 및 활성성분 Pectolinarin의 진정 효과(2011, 김명희 외 5)」로 고려엉경퀴의 주요성분인 Pectolinarin의 진정 효과를 연구하기 위해 체내실험으로 6종의 페놀화합물을 분리하였고 이는 진정 효과가 있다고 하였다.

나. 기능성식품 원료로 이용

21세기에 들어 국민소득수준의 향상과 더불어 생명공학의 발달, 건강에 대한 욕구 증대 등으로 식품에 대한 건강과 안정성지향이 급속히 강조되면서 인식이 바뀌고 있다. 이러한 변화들로 인해 식품분야에서는 맛과 영양학적인 기존의 개념에 생리활성의 요소를 더한 '기능성식품'이 대두되기 시작하였고, 이에 발맞추어 식품업계와 학계에서는 기능성식품의 연구와 탐색 그리고 기존 제품의 효과 규명 및 전통식품들의 기능연구와 개선에 힘을 쏟고 있다. 특히 약리적 기능면에서 항돌연변이능력이라든가 암세포성장억제 등이 높은 것으로 밝혀져 이들 산채류의 연구 및 개발의 필요성이 더욱 강조되고 있는 실정이다. 이렇듯 약리적 기능이 우수한 산야초류에 대한 관심의 증대는 엉겅퀴의 기능성식품으로의 개발에 대한 연구가 활발히 진행되는 계기를 만들고 있는 추세이기도 하다. 특히 2020년 코로나19가 pandemic(유행)하면서 일반적인 건강관리에 대한 관심과 함께 면역력을 키울 수 있는 건강기능식품에 대한 관심도 증가하고 있다.

「건강식품의 허와 실에 관한 연구(1990, 채범석)」에 따르면, '기능성식품(機能性食品)'이란 말은 일본에서 식품의 특성을 '식품기능'이란 용어로 바꾸고 1차 기능, 2차 기능, 3차 기능으로 분류하였으며, 1차 기능이란 식품 중의 영양소의 생체에 대한 단기적, 장기적으로 나타나는 기능이고, 2차 기능은 식품이 감각에 작용하는 기능이며, 3차 기능은 생체방어 등에 관계하는 생체조절기능과 질병으로부터의 회복과 노화의 진행을 억제하는 기능을 포함하고 있으며 이를 '기능성식품'이라고 부르게 되었다고 한다. 또한 현대인들의 생활 속에 깊이 들어온 음주문화와 관련하여 숙취해소용 음료의 개발이 절실하게 요구되고 있었다. 1990년대만 하더라도 숙취해소용 제품은 콩나물을 주원료로 한 식물엑기스(아스파라긴, 아스파라긴산)를 함유한 제품이나 미배아와 대두추출물을 함유한 제품들이 있었으나, 많은 문제점들이 지적되었기에 부작용이 없는 천연식물에서 원료를 찾고자 많은 연구가 진행되고 있는 것도 사실이다. 식품산업에서의 음료로서 숙취해소용 음료는 편의상 식품업계에서 기능성음료로 분류하고 있으나, 식품공전에 따르면 혼합음료에 속한다. 그리고 출시되는 숙취해소용 음료의 의학적 기능을 소개할 경우에는 의약품으로 분류되므로 이에 맞는 기준을 충족하여야 한다. 우리나라에서도 엉겅퀴추출물을 원료로 사용한 간 보호제 음료의 판매가 계속 증가하고 있다. 그 예로 유명 건강기능식품회사와 제약회사에서 이를 이용하여 여성 숙취해소 음료인 '컨디션'과 '모닝케어'를 만들어 현재도 판매 중에 있으며, 더 나아가 엉겅퀴를 첨가하여 개발한 음료들의 특허가 다수 출원되고도 있다.

　식품의약품안전처에 따르면, 국내 건강기능식품 생산액은 건강기능식품 제도가 시행된 2004년 2,506억 원에서 출발하여 2010년에 1

조 원 시장을 넘어섰고, 2019년에는 2조 9,508억 원으로 늘어나는 등 건강기능식품 시장은 지속적으로 획기적인 성장을 하고 있는 것으로 나타났다. 산야초류 중에는 미지의 생리기능성분이 다수 포함되어 있다는 것이 정설이고, 수십 년간 축적된 발효, 생물전환, 천연물원료개발기술을 적용한 건강보조식품 및 기능성식품원료를 개발하고 있는 것도 현실이다. 산야초류에는 식품의 제2기능이라 칭하는 기호성분으로 밝혀진 것 외에 우리 몸에 침입하는 해로운 병원균을 막아주거나 몸의 리듬을 조절하는 기능을 통하여 '생체향상성'을 유지시켜 주는 성분이 있어 건강유지에 적극적으로 활용하자는 추세이다. 식약처에서도 인정한 건강기능식품원료로 엉겅퀴추출물이 당당히 인정받아 기능성식품으로서의 가치가 매우 높음을 알 수 있다. 그리고 식약처의 '식품안전나라-국내제품'에 따르면, 건강기능식품에 대한 DB가 구축되기 시작한 2004년부터 2020년까지 등록된 건강기능식품원료 중 엉겅퀴(milk thistle)의 명칭이 들어간 제품은 370여 종이나 된다. 특히 필자가 본격적으로 글을 쓰기 시작한 2009년도부터는 엉겅퀴에 대한 관심이 증폭되면서 출시되는 제품 수도 크게 증가되고 있다. 더 깊이 들어가 보면, 대표적인 건강기능식품회사로 ㈜노바렉스의 30여 종을 비롯하여 50여 회사에서 370여 종의 제품을 생산하고 있다. 또한 매년 급격한 증가 추세에 있음을 알 수 있었다.

연도별 엉경퀴를 활용한 제품 출시 현황(2021년1월 현재)

(단위 : 건수)

년＼월	계	1	2	3	4	5	6	7	8	9	10	11	12	비고
계	371	29	19	28	32	37	29	36	24	25	17	47	48	
2020	92	5	3	6	8	13	8	11	5	9	4	12	8	
2019	85	5	8	11	4	4	3	3	3	4	3	11	21	
2018	46	7	1	1	3	6	5	6	3	.	2	8	4	
2017	47	3	5	4	7	8	5	3	2	2	1	4	3	
2016	28	2	.	2	2	1	2	3	2	4	4	3	3	
2015	18	.	.	.	.	.	2	1	3	2	1	4	3	
2014	15	2	2	1	4	1	1	1	.	1	1	.	1	
2013	13	.	.	1	2	1	2	2	1	.	.	2	2	
2012	7	1	.	.	.	1	1	.	1	1	.	2	.	
2011	7	1	.	1	1	.	.	.	1	1	.	1	1	
2010	12	1	.	1	1	2	.	1	2	1	1	.	2	
2009	1	.	.	.	.	.	.	1	.	.	.	.	.	

　기능성식품의 원료로 이용되고 있는 엉경퀴와 관련하여 국내에서 발표한 자료들을 살펴보았다. 「엉경퀴의 건강기능성 및 그 이용에 관한 연구(2005, 엄혜진 외 1)」에서는 엉경퀴추출물이 인간유래의 정상세포 간239에 대한 독성 효과에서는 암세포에 대한 높은 억제 효과에 비해 정상세포에 대해서는 낮은 독성 효과를 보였다고 하였다. 「토종엉경퀴로부터 약리활성물질을 추출하는 방법 및 이를 이용

한 기능성제품(2011, 박화식 외 4)」에서는 토종엉겅퀴로부터 고부가가치의 약리활성물질인 실리마린과 제니스틴, 다이드제닌, 쿼르스틴 등을 추출하여 건강식품으로 제조가 가능하다고 하였다. 「천연소재 MS-10의 에스트로겐 수용체 조절을 통한 여성건강 증진(2016, 노유현 외 9)」에서는 엉겅퀴와 타임의 복합추출물인 MS-10은 여성갱년기 증상을 개선하는 천연소재건강기능식품으로 사용될 수 있다고 하였다. 「Flavonoid함유 엉겅퀴를 이용한 기능성다류 개발연구(2007, 정미숙 외 3)」에서는 항우울작용이 우수한 것으로 확인된 바 있는 엉겅퀴를 30~40대 여성의 항우울목적을 지닌 기능성 다류로의 개발은 엉겅퀴 꽃잎 혼합차가 가장 적합하다고 하였다. 「엉겅퀴 또는 약용식물을 맥반석 혼합하여 덖음 차 제조방법(2009, 장복현 외 1)」에서는 덖음 과정에서 맥반석을 혼합하여 덖음으로 원적외선이 재료에 골고루 조사되도록 하여 맛과 빛과 향을 향상시킨 것이 특징이라고 하였다.

다. 화장품원료로 이용

화장품원료시장은 2016년 기준하여 세계적으로 약 18조 원 규모로 추정되고 있다. 그 중 약 80% 이상인 약 15조 원 정도를 기초원료 시장이 차지하고 있다고 한다. 원료시장 중에서 우리나라가 차지하는 것은 약 6천억 원 규모를 차지하고 있다 한다. 특히 중국을 비롯한 아시아 시장이 빠르게 커지고 있고, 향후 글로벌 화장품원료 시장은 가파른 성장세를 이어갈 수 있을 것으로 전망되고 있다. 세계적인 경기불황 속에서도 화장품 관련 산업, 그 중에서도 화장품 제조의 기초소재가 되는 화장품원료 산업이 유망할 것으로 전망되는 데 따라, 새로운 성장 동력의 방편으로 화장품원료 사업에 눈을 돌리고 활발히 투자를 하고 있는 추세이다. 일본의 한 연구에 따르면, 엉겅퀴에 함유된 Silymarin화합물은 각질세포의 분화와 노화를 억제하고 단백질을 축적시켜 피부의 노화를 방지한다고 한다.

화장품의 원료로 이용되고 있는 엉겅퀴와 관련하여 국내에서 발표한 자료들을 살펴보았다. 「엉겅퀴추출물 실리마린의 피부미백 효과연구(2009, 추수진 외 9)」에서는 엉겅퀴추출물은 안전한 화장품원료로 사용이 매우 적합하다고 하였다. 「고려엉겅퀴 HPLC 패턴 비교 및 미백활성 연구(2010, 허선정 외 5)」에서는 고려엉겅퀴의 추출물이 멜라닌생성세포 사멸 효과가 매우 우수하여 피부미백활성과 기능성화장품의 천연성분으로 유익하여 우수한 화장품의 원료가 될 수 있다고 하였다. 「고려엉겅퀴추출물을 주요 활성성분으로 함유하는 피부외용제조성물(2007, 심관섭 외 3)」에서는 고려엉겅퀴추출물의 피부외용제조성물은 주름방지 효과, 미백 효과, 육모 효과, 여드름방지 효과와 피부잔주름 개선 효과가 있어 우수한 화장품의 원료가 될 수 있다고 하였다.

라. 식용으로 이용

엉경퀴의 식용가능에 대하여 유대근 교수의 「특용작물 로컬푸드 필수품목에도 엉경퀴가 들어 있다」에 따르면, 식용가능 자생식물 71과 547종 중 식약처 구분기준에 의하면 127종은 확실히 식용가능하고 22종은 불가능하며 나머지 398종은 불확실하다고 한다. 식용가능에 포함된 엉경퀴는 식품의 원재료나 보조재료로나 가치가 매우 높다. 이른 봄 잡식동물의 하나인 너구리는 엉경퀴가 있는 땅을 파헤치고 뿌리를 캐먹고 연한 줄기와 잎도 먹어치운다. 엉경퀴가 단맛(甘味)이 나기 때문이 아닌가 생각된다. 엉경퀴는 잎과 줄기에 단백질, 탄수화물, 지방, 회분, 무기질, 비타민 등을 함유하고 있어 영양가 높은 식품이며 순, 잎, 줄기, 뿌리, 꽃 등 모두를 요리해 먹을 수 있다. 엉경퀴를 이용하여 음식으로 개발할 수 있는 분야로는 엉경퀴김치, 엉경퀴된장, 엉경퀴발효액, 엉경퀴꽃차, 엉경퀴청 및 엉경퀴건조분말가루의 빵, 국수, 수제비 등에 보조재료로 사용 등이다. 우리나라의 엉경퀴에는 단백질, 지질, 무기질, 비타민 등 여러 우수한 영양소가 고루 들어 있다고 봐도 무방할 것이다.

현재 일부 엉겅퀴의 식용방법은 민간차원에서 전래되고 있으나, 여러 종류인 각 엉겅퀴를 쉽게 식용할 수 있는 방법을 표준 개발하여 보급 시, 농촌이나 산촌에서 부가가치가 높은 약식채소로 각광을 받지 않을까 하는 것이 필자의 생각이다.

일례(例)로 우리나라에서 엉겅퀴 종류 중 유일하게 약용보다 식용(나물)으로 더 유명한 엉겅퀴가 바로 고려엉겅퀴이다. 특히 강원도 지역에서 곤드레 나물로 더욱 이름이 알려진 우리나라의 산나물이다.

이 '곤드레'라는 이름은 잎이 바람에 이리저리 흔들리는 모습이 마치 술에 취해 곤드레만드레하는 몸짓과 비슷하다 하여 붙여졌다고 한다. 보릿고개 시절인 빈궁기에는 삶아서 말려놓은 고려엉겅퀴나물에다 쌀이나 옥수수를

건조된 곤드레 나물

넣고 밥(일명 곤드레밥)을 지어서 먹기도 하였으며, 해장국에 이용하기도 하였다. 지금도 강원도 일대에서는 곤드레를 최고의 나물로 친다. 곤드레를 바로 삶아서 무쳐 먹기도 하지만, 말린 묵나물로 산채비빔밥 등의 재료로서 무척 각광을 받고 있다. 이는 현재 강원도의 특산물로 지정되어 있기도 하다. 다른 산채들이 주로 봄철에 잎이나 줄기가 연할 때 채취하여 식용하는 반면, 곤드레는 5~6월까지도 잎과 줄기가 연한 특성이 있어 늦은 시기까지도 활용되는 것이 특징이다. 곤드레의 재배 농가에서 2~3년마다 곤드레를 갈아(뽑아)버

리고 새로운 모종을 심는 것은, 곤드레의 줄기가 굵어져서 나물로서의 가치하락에 따른 재배방법의 일환이지 곤드레가 엉겅퀴처럼 고사되어서가 아니다. 곤드레는 묵을수록 뿌리가 굵고 튼튼하여 쉽게 고사되지 않는다.

엉겅퀴를 식용으로 할 시에는 봄철이나 여름에 돋아나는 비교적 가시가 연한 어린잎을 살짝 데쳐서 약간 쓴맛을 우려낸 뒤 나물로 먹고, 가을에 나온 잎이나 뿌리는 삶아 말려서 된장국과 찌개

곤드레밥

의 재료로 하면 좋다. 또 연한 줄기는 껍질을 벗겨 된장이나 고추장에 박아두어 장아찌를 만들어 먹어도 좋고, 즙을 내어서도 먹을 수 있는데, 방법은 엉겅퀴를 깨끗이 씻은 뒤 녹즙기로 즙을 내면 된다. 전라도의 거문도에서는 고기잡이 등 힘든 뱃일에 쌓인 피로를 풀 때, 가장 특별한 음식의 보양식으로 갈치에 엉겅퀴를 넣어 끓인 엉겅퀴갈치국을 즐겨 먹는다고 한다.

중국 북송시대의 의학자인 소송은 '엉겅퀴는 2월에 싹이 나는데 2~3촌 가량으로 자랐을 때 뿌리와 함께 채를 만들어 먹으면 맛이 아주 좋다'고 하였다. 세계인들, 특히 일본, 미국, 유럽 등지에서는 어린 순보다는 크게 자란 줄기를 이용하는데, 굳어지지 않은 것을 잘라 잎은 처내버리고 껍질을 벗긴 후, 엉겅퀴의 대궁을 생으로 샐

러드나 국거리, 튀김 등에 이용한다. 이때에는 엉겅퀴를 삶아서 볶음이나 조림, 절임 등 다양하게 조리하는데, 향기롭고 맛도 좋으며 씹을 때 사각거리는 맛을 즐겨서 더욱 중요시하고 있다. 특히 엉경퀴샐러드는 미국 링컨 대통령의 스태미나 음식으로도 널리 알려져 있다.

산채의 수요는 생활수준 향상과 well-being 트렌드에 맞춰 계속 증가 추세에 있다.

식용의 원료로 이용되고 있는 엉경퀴와 관련하여 국내에서 발표한 자료들을 살펴보았다. 「야생정영엉겅퀴 재배기술 및 가공식품 개발(2007, 정일화)」에서는 정영엉겅퀴의 뿌리로 고추장을 첨가한 장아찌가 매콤한 맛

곤드레 나물 무침

이 어울려져 제품의 조화를 이루었으며, 간장은 담백하고 엉겅퀴 고유의 향을 느낄 수 있었다고 하였다.

「고려엉겅퀴 및 컴프리를 이용한 양조간장의 개발(1997, 강일준 외 6)」에서는 산채류가 함유하고 있는 무기질이나 methionine과 같은 필수아미노산의 공급 등 장류제조에 있어 산채류의 이용은 매우 유용하다고 하였다. 「산채류를 이용한 음료 개발에 관한 연구(1997, 함승시 외 4)」에서는 고려엉겅퀴 등 산채를 착즙하여 발효음료를 제조한 결과 우수한 것으로 평가되었다고 하였다. 「전처리 방법에 따른

산채 물김치의 품질변화(2014, 이효영 외 4)」에서는 전체적인 기호도에서는 데침 처리한 고려엉겅퀴물김치가 가장 높은 선호를 보였다고 하였다. 「동결 건조한 고려엉겅퀴 분말을 첨가한 생면의 제조조건 최적화(2014, 박혜연 외 1)」에서는 무기질과 섬유소 등 영양이 풍부하고 항산화성이 있는 고려엉겅퀴의 생면제조가 가능하다고 하였다. 「곤드레 첨가량을 달리한 곤드레 두부의 저장기간에 따른 품질 특성(2012, 장서영 외 3)」과 「곤드레 첨가량, 저장기간에 따른 곤드레 개떡의 품질특성(2012, 임혜은 외 3)」에서는 식이섬유가 풍부하고 성인병 예방과 영양학적으로 우수한 곤드레를 식품에 첨가하면 좋다고 하였다. 엉겅퀴의 식용가치에 대해서는 향후 건강 먹거리의 일환으로 영양가 활용방법과 식용방법, 그리고 가공저장 활용을 위한 방법 등 여러 연구가 지속되었으면 좋겠다.

마. 식물 등 방제용 원료로 이용

작물재배 시 많은 식물병원균, 해충 및 잡초들이 작물의 생장에 저해를 일으켜 이들에 대한 방제를 실시하지 않을 경우 많은 수확량의 감소가 야기될 수 있다. 이러한 유해생물을 방제하기 위하여 많은 합성농약들이 개발 사용되고 있으나, 여러 가지 문제점들이 야기되는 것도 사실이다. 이에 따라 합성농약의 대안으로 떠오르는 기술이 생물농약이다. 생물농약은 환경친화적 작물보호제로서 합성농약과는 달리 모든 생태계에 안전하다. 따라서 합성농약으로 인한 문제점을 유일하게 해결할 수 있는 대안으로 볼 수 있다. 이러한 생물농약에는 미생물농약과 생화학농약이 있다.

현재까지 식물추출물들을 이용하여 시판되고 있는 친환경살균제 품들은 많지는 않고 몇몇 제품에 불과하다. 대표적인 것으로 '밀사나'란 것이 있는데, 이의 성능은 식물병원균을 직접 박멸시키는 효과보다는 식물체에 저항성을 유도함으로써 흰가루병에 대한 방제 효과를 나타내는 것으로 나타났다 한다.

식물 등 방제용의 원료로 이용되고 있는 엉겅퀴와 관련하여 국내에서 발표한 자료들을 살펴보았다. 「폴리아세틸렌계화합물 또는 엉겅퀴 뿌리 추출물을 함유하는 식물병 방제용 조성물 및 이를 이용한 식물병 방제방법(2008, 김진철 외 4)」에서는 엉겅퀴추출물이 우수한 방제활성을 나타내는 천연물살균제로서 유용하게 사용될 수 있다고 하였다. 「엉겅퀴잎 추출물 및 잔유물의 Allelopathy 효과(2004, 천상욱)」에서는 엉겅퀴의 Allelopathy(타감작용)유발 화학물질을 분리 동정하여 새로운 제초제의 소재로 활용할 수 있다고 하였다. 「NGS를 이용한 고려엉겅퀴의 소포체스트레스 전후 비교 전사체 연구(2016, 박은비)」에서는 NGS를 이용한 고려엉겅퀴의 전사체분석을 통해 유전자를 확인하였고, 생육촉진과 같은 작물재배 연구에 유용하게 활용될 수 있다고 하였다.

향후 엉겅퀴를 활용한 환경친화적인 천연물살균제의 개발로 고부
가 유기농산물 생산에 유용하게 활용되길 필자는 기대해 본다.

3.
엉겅퀴 유사종의 활용

엉겅퀴의 유사종(類似種)이라 함은 소계(小薊)라 칭하는 조뱅이를 비롯하여 12종이 존재하는데 이 종들의 전초를 일컫는 것으로서, 현대의학에서도 활용이 증대되고 있는 추세이다. 이에 유사종의 현대에서의 활용과 관련하여 연구된 사례들을 간략하게 살펴보았다. 「큰방가지똥 추출물의 항당뇨 및 항고혈압 효과(2011, 허명록 외 3)」에서는 큰방가지똥이 항당뇨와 항고혈압에 의약품개발이나 기능성소재로의 활용이 가능하다고 하였다. 「지칭개에서 분리한 hemistep-sin A와 B의 비듬균에 대한 항균 효과(2013, 이종록 외 2)」에서는 강한 항균활성이 확인되어 샴푸와 비누 등의 생활용품으로서의 개발이 가능하다고 하였다.

「지칭개, 구절초 및 산국에서 분리한 sesquiterpene lactones의 항균활성(1999, 장대식 외 6)」에서는 지칭개에서 분리한 Hemistepsin A와 B가 강한 활성을 보였으며, 항진균 활성실험에서는 Hemistepsin B가 활성을 보였다고 하였다. 「산비장이를 이용한 직물의 천연 염색(2006, 황보수정 외 2)」에서는 산비장이를 이용한 염색에서 견(絹)은 PH가 낮을수록 진하게 염색되었고, 연(綿)은 PH가 중성일 때 가장 진하게 염색되었다고 하였다.

4.
엉겅퀴 섭취 시의 부작용 사례

엉겅퀴 섭취 시 부작용에 대해서는 특별히 언급된 사례들을 찾을 수 없다.

다만 『중약대사전』에 '공복에 정제 복용 후 위에 불쾌감 혹은 오심(惡心) 등의 약물 반응을 나타내는 경우가 소수 있지만, 식후에 복용하면 증상이 경감한다'고 나와 있을 뿐이며 간혹 밀크시슬은 치료기간 중, 간과 담낭에 자극을 주게 되는데 이때 2~3일간 약간의 설사가 있을 수 있다. 이것은 명현반응(明顯反應)으로 걱정하지 않아도 된다고 하였다.

제Ⅳ장

우리나라 서식 엉겅퀴의 생김새 및 특징은?

엉겅퀴는 토종인 고유종이나 귀화종을 막론하고 아주 무섭게 생겼다. 일명 '귀계(鬼薊)' 라고 하는데, '귀(鬼 : 귀신 귀)'는 귀신 같다는 뜻으로 이 식물의 싹 모습이 사납게 생겼 기 때문에 붙여진 이름이며, '계(薊)'는 상투 같다는 뜻으로 이 식물의 꽃을 보고 지었다 한다. 한문의 '薊'는 삽주 계, 엉겅퀴 계라 한다. 엉겅퀴에 대한 생김새 및 특징을 각 속 (屬)에 따른 종류별로 학명(學名), 과명(科名), 이명(異名), 원산지(原産地), 분포(分布) 및 서 식지역, 특징, 기타 등으로 독자들이 알기 쉽도록 정리하여 보았다. 이 장에서는 엉겅 퀴의 속에 따라 엉겅퀴속, 지느러미엉겅퀴속, 흰무늬엉겅퀴속, 그리고 마지막으로 엉 겅퀴 유사종들의 생김새 및 특징으로 분류하여 서술하여 보았다. 단 아직까지 관련 자 료나 사진 등이 미흡한 부분은 자료가 수집되는 대로 수정·보완하려 한다.

1.
엉겅퀴속에 속한 17종의 생김새 및 특징

엉겅퀴의 국내 서식종에 대한 생김새 및 특징을 각 속(屬)에 따른 종류별로 학명, 과명, 이명, 원산지, 분포 및 서식지역, 특징, 기타 등으로 정리하여 보았다. 국내 서식종은 가장 최근에 발표된 2007년의 송미장, 김현의 분류 16종(8종, 3변종, 5품종)에 2015년 배영민의 1종을 더해 총 17종(9종, 3변종, 5품종)을 기준으로 하여 가나다순으로 기술하였다.

가. 가시엉겅퀴

- 학명 : Cirsium japonicum var. spinosissimum Kitamura

- 과명 : 국화과(Asteraceae) 엉겅퀴속(Cirsium Miller)

- 원산지 : 대한민국

- 분포 및 서식지역 : 한국, 일본 등의 고산지대

- 특징 : 엉겅퀴보다 잎 끝의 조금 긴 가시가 뾰족하고 많다.

　가시엉겅퀴는 다년생 초본으로 한국, 일본 등에 분포하며 산과 들에서 서식하는데 주로 고산지대에 많다. 높이는 50~100㎝ 정도이고 줄기는 곧게 서고 가지가 많이 갈라지며, 줄기 전체에 부드러운 흰색의 털과 거미줄 같은 털이 있다.

　뿌리에 달린 잎은 줄기에 달린 잎보다 크고, 꽃이 필 때까지 있다가 사라진다. 줄기에 달린 잎의 형태는 변이가 큰 형질로 피침형 타원 모양이거나 바소 모양으로 길이는 2.5~11.1㎝ 정도이고, 폭은 1.5~5.2㎝ 정도이다. 잎 끝의 형태는 뾰족한 첨두형이며, 잎의 밑부분의 형태는 이저의 유형이다. 잎 아랫면의 색깔은 밝은 녹색이며 잎자루는 없다. 잎의 가장자리는 새의 깃과 같은 우상으로 갈라져 결각이 있다. 갈래조각은 계란 모양이거나 긴 타원 모양이고 가장자리에 깊이 패어 들어간 모양의 톱니와 가시가 있다. 일반적으로 다른 엉겅퀴종에 비해 조금 긴 가시가 뾰족하고 많으며, 길이는 0.4~1.2㎝정도이다.

　꽃은 꽃잎이 서로 붙어 끝만 조금 갈라진 꽃인 관상화로서 6~8월경에 자줏빛으로 피는데, 원줄기와 가지의 끝부분에 보통 1~3송이씩 달린다.

꽃의 길이는 3~5㎝ 정도이다.

총포는 흰색의 거미줄 같은 털이 있으며 끈적끈적한 점액질이 있고 녹색이다.

모양은 구형이며 포조각은 뾰족한 줄 모양으로서 7~8줄로 배열되고 길이는 1.5~2.4㎝ 정도이고 폭은 1.3~3.6㎝ 정도이며 직립하는 형태이다. 꽃이 줄기나 가지 끝에 배열되는 화서는 5열화된 합판화관으로 방사상칭의 관상화로, 꽃의 기부에 가시 모양의 소포엽이 있다.

가시엉겅퀴의 열매는 긴 타원형 모양으로 다 익은 뒤에도 껍질이 터지지 않고 종자를 싼 채로 떨어지는 수과(瘦果)형태로서, 길이 0.35~0.40㎝ 정도이고 폭은 0.15~0.20㎝ 정도로 털이 없으며, 8~9월경에 익는다. 꽃받침이 변해서 씨방의 맨 끝에 붙은 솜털 같은 관모(冠毛)는 우상으로 길이가 1.4~1.8㎝ 정도이다. 뿌리는 가느다란 실모양의 많은 잔뿌리를 가지고 있다. 가시엉겅퀴의 어린순은 나물로해 먹을 수 있고, 다 자란 포기나 열매 등은 약재 등으로 쓰인다.

비슷한 종류로는 흰 꽃이 피는 흰가시엉겅퀴와 외래종인 서양가시엉겅퀴가 있다.

가시엉겅퀴와 관련된 자료로는 「가시엉겅퀴 지하부(地下部)의 성분(成分)(1984)」과 「외부형태형질에 의한 한국산엉겅퀴속의 분류학적 연구(2007)」가 있다.

나. 고려엉겅퀴

- 학명 : Cirsium setidens (Dunn) Nakai

- 과명 : 국화과(Asteraceae) 엉겅퀴속(Cirsium Miller)

- 이명 : 곤드레, 구멍이, 도깨비엉겅퀴, 고려가시나물

- 원산지 : 대한민국

- 분포 및 서식지역 : 강원도 정선, 평창 지역 등을 비롯하여 전국 산간지대의 기슭
  이나 골짜기의 풀밭

- 특징 : 잎 뒷면에 털이 없다.

　고려엉겅퀴는 국화과에 속하는 다년생초로서 우리나라의 강원
도를 비롯하여 전국의 산간지방에서 자라는 한국특산종, 즉 토종
식물로 해발 400~700m의 산지 기슭이나 골짜기의 주로 그늘진 풀
밭 등에 서식한다. 대개 2~3년 정도 지나면 뿌리가 썩어 고사하
여 사라진다. 배수가 양호하고 보수력이 좋은 비옥한 땅으로 약산
성(ph5.5~6.5)인 사질양토가 좋으나 대체로 어느 토양에서나 잘 자
란다.

성장 중인 고려엉겅퀴 모습

생육에 알맞은 온도는 18~25℃로 비교적 서늘하고 공중습도가 높은 곳이 좋으며 건조가 계속되는 곳은 좋지 않다. 크기인 초장(草丈)은 50~100㎝ 정도이며, 1년생인 경우는 원줄기에서 갈라져나간 가지인 분지(分枝)가 1~3개 정도 되나 2~3년생인 경우에는 8~11개 정도 발생하며, 가지는 갈라지면서 사방으로 넓게 퍼진다.

뿌리는 직근으로 곧고 굵으며 가느다란 실 모양의 많은 잔뿌리를 가지고 약 20~40㎝ 깊이까지 뻗어나간다.

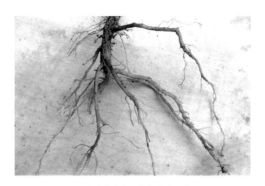
고려엉겅퀴의 1년생 뿌리 모습

뿌리에 달린 잎은 호생하며 줄기에 달린 잎에 비해 크기가 크고 꽃이 필 때 쓰러진다. 중앙부의 잎은 2cm 내외의 잎자루가 있고 계란형 또는 타원형으로 길이는 2.76~9.23cm이고 폭은 1.62~4.5cm 정도이다. 잎 끝이 대개 뾰족하고 밑 부분이 짧게 좁아진 잎의 모양인 예저이며 잎 아랫면의 색깔이 밝은 녹색을 띠고 있다. 유일하게 잎 아랫면에는 털이 존재하지 않고 가장자리가 밋밋하거나 바늘 같은 짧은 잔가시톱니가 나 있으며, 잎 끝은 뾰족하고 잎면은 다소 넓다.

고려엉겅퀴의 초기 모습 : 발아 20일경

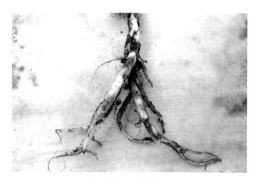

고려엉겅퀴의 3년생 뿌리 모습

이것이 엉겅퀴다(This is Thistle)

꽃은 7~10월경에 피고 지름 3~4㎝ 정도로서 가지 끝과 원줄기 끝에 달린다.

총포(總苞)는 녹색으로 구상 종형이고 흰색의 거미줄 같은 털이 밀생한다. 총포조각은 7줄로 배열되고 끝이 뾰족하며 뒷면에 점질이 있고 길이는 1.1~2.8㎝ 정도이고 폭은 0.7~2.5㎝ 정도이다. 두상꽃차례로 무리지어 달리는데, 홍자색, 분홍색, 황백색, 흰색 등 여러 색으로 핀다.

고려엉겅퀴 꽃봉오리 모습

고려엉겅퀴 만개 모습

고려엉겅퀴의 열매는 다 익은 뒤에도 껍질이 터지지 않고 종자를 싼 채로 떨어지는 수과(瘦果)의 형태로 긴 타원형이며, 길이는 0.15~0.19㎝ 정도이고 폭은 0.09~0.19㎝ 정도이다. 씨방의 맨 끝에 붙은 솜털 같은 관모(冠毛)는 우상으로 8~35개 정도이며, 길이는 0.2~1.1㎝ 정도이다.

고려엉겅퀴의 결실이 끝난 후 모습 : 12월 하순경

고려엉겅퀴의 씨앗 모습

　고려엉겅퀴의 내건성에 대해 연구한 「P-V곡선을 통한 누룩치, 고려엉겅퀴, 병풍쌈의 내건성 평가(2012, 이경철 외 1)」에 따르면, 고려엉겅퀴는 비교적 내건성이 약한 편으로 건조 지역보다 습윤한 지역이 더 적합하다고 하였다.

　고려엉겅퀴에 발생하는 병충해 중 많이 발생하는 충으로는 작은 멋쟁이나비, 우엉수염진딧물, 메뚜기류, 명주달팽이가 있다. 특히 2019년 국립산림과학원 산림약용자원연구소와 안동대에서 고려엉경퀴의 미기록 해충 우엉바구미, 우리대벌레의 특성을 규명하였다고 한다.

고려엉겅퀴는 지혈, 토혈, 비혈 및 고혈압의 치료에 활용되어 왔으며, 이화학적성상, 항산화활성, 간 보호활성 등의 연구가 보고되고 있다. 봄철에 어린잎과 줄기를 식용하는데 데쳐 우려낸 다음 묵나물, 국거리, 볶음으로 요리하며, 과거에는 구황식물로 이용되었던 유용한 산채이다. 보릿고개 시절인 빈궁기에는 고려엉겅퀴를 말려놓은 나물에다 쌀이나 옥수수를 넣고 밥(일명 곤드레밥)을 지어서 먹기도 하였으며, 해장국에 이용하기도 하였다.

고려엉겅퀴의 꽃말은 '근엄, 독립, 권위, 닿지 마세요, 건드리지 마세요'이다.

어느 자료에서는 고려엉겅퀴가 약효가 없어서 나물로만 사용한다고 하는데, 잘못된 자료라는 것을 아래의 여러 자료들이 증명해 주고 있다. 고유종이기 때문인지는 몰라도 고려엉겅퀴를 주제로 연구한 자료는 다른 엉겅퀴 자료들보다 월등히 많다. 고려엉겅퀴와 관련된 자료로는 「한국산 Cirsium속 식물의 생약학적 연구(II)고려엉겅퀴의 형태(1988)」, 「고려엉겅퀴의 종자발아 및 채광재배 효과구명(1996)」, 「고려엉겅퀴의 생리화학적 구성요소와 사람 암세포주에 대한 세포 독성(2002)」, 「고려엉겅퀴, 정영엉겅퀴 및 동래엉겅퀴의 분류학적 실체 검토(2005)」, 「부위별 고려엉겅퀴의 이화학적 성상 및 항산화 활성 효과(2006)」, 「고려엉겅퀴 추출물의 사람 섬유아세포에 있어서 자외선으로 유도된 MMP-1발현 저해와 피부 탄력 개선 효과(2007)」, 「외부형태형질에 의한 한국산엉겅퀴속의 분류학적 연구(2007)」, 「자생 엉겅퀴의 부위별 기능성성분 항산화 효과(2009)」, 「식용 고려엉겅퀴 추출물의 항염증 효과와 HPLC분석(2009)」, 「고려엉경퀴의 HPLC 패턴 비교 및 미백활성 연구(2010)」, 「고려엉경퀴 잎조직을 이용한 callus 배양 및 항산화 활성검증(2010)」, 「사자발쑥과 고려엉경퀴추출물의 항산화 및 간암세포 활성효과(2011)」, 「고려엉경퀴의 페놀성 물질에 대한 고성능 액체 크로마토그래피분석의 타당성 검증 및 활성 성분 Pectolinarin의 진정 효과(2011)」, 「국내에 자생하는 큰엉경퀴와 고려엉경퀴의 분자유전학적 및 화학적 분석(2012)」, 「곤드레 첨가량, 저장기간에 따른 곤드레 개떡의 품질 특성(2012)」, 「곤드레 첨가량을 달리한 곤드레 두부의 저장기간에 따른 품질 특성(2012)」, 「피음처리에 따른 고려엉경퀴와 누룩치의 생리반응(2012)」, 「P-V곡선을 통한 누룩치, 고려엉경퀴, 병풍쌈의 내건성 평가(2012)」, 「고려엉경퀴(곤드레)의 영양성분 및 생리활성(2014)」, 「곤드레 또는 참취를 함유한 빵의 뇌신경 보호효과(2014)」, 「동결건조한 고려엉경퀴 분말을 첨가한 생면의 제조조건최적화(2014)」, 「SK-N-SH 신경세포내 항산화 효과와 P38 인산화 억제에 의한 곤드레, 누룩치 그리고 산마늘의 신경 보호 효과(2015)」, 「국내에 자생하는 일부 Cirsium속 식물들의 분자유전학적 유연관계 분석(2015)」, 「산지별 고려엉경퀴의 Pectolinarin 함량 및 항산화 활성(2016)」, 「고려엉경퀴 주정추출물의 안정성 조사(2016)」, 「곤드레 추출물의 최종 당화합물의 생성저해 및 라디칼소거 활성(2016)」, 「Stemphylium lycopersici에 의한 고려 엉경퀴 점무늬병의 발생(2016)」, 「수확시기별 고려엉경퀴 주정추출물의 항산화 및 항비만 활성 비교(2017)」, 「저장조건에 따른 생물전환 발효고려엉경퀴 주정추출물의 안정성 조사(2017)」, 「고려엉경퀴 주정 추출물을 함유하는 임상시험제품의 항비만 활성 평가(2018)」, 「고려 엉경퀴로부터 폴리페놀과 플라보노이드 염기 열수추출 조건 최적화(2018)」 등이 있다. 그리고 학술발표 자료로 「HPLC-MS/MS를 이용한 고려엉경퀴 중 spirotetramat 및 대사산물의 잔류 특성 연구(2016)」와 「곤드레(고려엉경퀴)의 미백효과와 유효성분 전환(2016)」 등이 있다.

다. 도깨비엉경퀴

- 학명 : Cirsium schantarense Trautv. et Meyer
- 과명 : 국화과(Asteraceae) 엉경퀴속(Cirsium Miller)
- 이명 : 수그린 엉경퀴, 큰엉경퀴, 부전엉경퀴
- 분포 및 서식지역 : 한반도 및 중국, 러시아의 깊은 산속

도깨비엉겅퀴는 국화과에 속하는 다년생초로서 우리나라의 경북, 전남(지리산), 강원(금강산), 평북, 함남, 함북 및 만주 우수리, 러시아의 사할린에 분포하며, 깊은 산에서 자란다.

크기인 초장(草丈)은 50~150㎝ 정도이고, 줄기대공에 홈 같이 파진 줄이 있고 상부에서 가지가 갈라지며, 거미줄 같은 털이 있다.

뿌리에 달린 잎은 꽃이 필 때까지 남아 있거나 없어지며 밑 부분의 잎보다 작다.

줄기에 달린 잎은 호생하고 하부의 잎은 타원형 또는 피침상 바소꼴 타원형이다. 잎의 길이는 20~40㎝ 정도로서 끝은 뾰족하고 밑은 엽병으로 흘러 잎자루의 날개로 되거나 줄기를 약간 감싸며 우상으로 깊게 갈라진다. 열편은 장타원상 피침형이며 가장자리 톱니 끝에 가시가 있고 뒷면에 거미줄 같은 털이 밀생한다. 가운데 잎은 긴 타원형으로 밑 부분이 귀처럼 되어 원줄기를 둘러싸고 가장자리가 깊게 갈라져서 흔히 뒤로 젖혀진다. 위로 갈수록 잎은 점차 작아져서 계란 모양의 피침형으로 된다.

꽃은 7~9월경에 홍자색(자줏빛)으로 피고 지름이 4~5㎝ 정도의 두화가 가지와 줄기 끝에 하나씩 달리며 밑으로 처진다. 엉겅퀴에 비해 두화는 종처럼 생긴 모형이고 위쪽으로 퍼진다. 총포(總苞)는 둥근 구형이며 길이는 1.5~2㎝ 정도이고 너비는 3~4㎝ 정도이다. 포조각은 6열로 배열되고 끝이 뾰족하다. 화관은 자줏빛이며 길이가 1.8~2.2㎝ 정도이다. 도깨비엉겅퀴의 열매는 다 익은 뒤에도 껍질이 터지지 않고 종자를 싼 채로 떨어지는 수과(瘦果)의 형태로 긴 타원형이고 길이는 0.4㎝ 정도이며 털이 없다. 씨방의 맨 끝에 붙은 솜털 같은 관모(冠毛)는 길이가 1.6~1.8㎝ 정도로 갈색이 돈다.

어린잎은 나물로 식용하며, 다 자란 식물체나 열매 등은 약으로 쓰인다.

도깨비엉겅퀴와 관련된 자료로는 「외부형태형질에 의한 한국산엉 경퀴속의 분류학적 연구(2007)」와 「국내에 자생하는 일부 Cirsium 속 식물들의 분자유전학적 유연관계 분석(2015)」이 있다.

라. 물엉겅퀴

- 학명 : Cirsium nipponicum (Maxim.) Makino

- 과명 : 국화과(Asteraceae) 엉겅퀴속(Cirsium Miller)

- 이명 : 섬엉겅퀴, 울릉엉겅퀴

- 원산지 : 대한민국

- 분포 및 서식지역 : 한국의 울릉도 및 일본의 도서

- 특징 : 일반 엉겅퀴보다 키가 크다.

물엉겅퀴는 다년생초본으로 크기인 초장(草丈)은 여느 엉겅퀴보다

큰 100~200㎝ 정도이다. 대궁인 줄기에는 가지가 많이 갈라지며 골이 파진 능선이 있고 자줏빛이 돌며 거미줄 같은 털이 있거나 없다.

뿌리에 달린 잎은 줄기에 달린 잎에 비해 크기가 크고 일찍 마르며 꽃이 피기 시작하면 없어진다. 중앙부의 잎은 변이가 큰 형질로 피침상 타원형이고 끝이 뾰족하며 밑 부분이 엽병으로 흘러서 날개로 되지만, 원줄기를 감싸거나 밑으로 흐르지 않고 길이 20~30㎝ 정도로서 양면에 털이 다소 있는 것도 있다. 가장자리가 대개 밋밋하고 치아상 또는 결각상으로 갈라지며 끝에 길이 0.1~0.2㎝ 정도의 톱니 같은 짧은 가시를 가지고 있다. 때로는 잎의 모양이 5~6쌍의 우상으로 「물엉겅퀴의 엽형 특성과 재배법확립에 관한 연구 (1996, 민기군 외 4)」에 따르면, 물엉겅퀴만의 특징이 있는 엽형의 구분은 무결 갈라지는 습성을 가진다. 각형과 결각형으로 대별되었고 무결각형 중에 가장자리에 가시가 큰 것과 작은 것으로 나누어지고 염색체 수는 잎의 모양과 관련 없이 동일하다고 하였다.

꽃은 대체로 8~11월경에 피며 자주색이다. 두상꽃차례로 무리지어 달리는데, 지름이 2.5~3㎝ 정도로서 가지와 줄기 끝에 달리며 화시에 약간 처진다. 총포(總苞)는 종형이고 밑 부분이 들어가며 거미줄 같은 털이 있는 것도 있고 흔히 자줏빛이 돈다. 총포조각은 7줄로 배열되고 길이는 0.9~2.6㎝ 정도이며 폭은 0.8~3.1㎝ 정도로, 외편과 중편은 피침형으로서 끝이 길게 좁아져서 가시로 끝나며 가장자리가 밋밋하고 퍼지거나 뒤로 젖혀진다.

물엉겅퀴의 모습

화관(花冠)은 길이가 1.6~2.0㎝ 정도이다. 물엉겅퀴의 열매는 다 익은 뒤에도 껍질이 터지지 않고 종자를 싼 채로 떨어지는 수과 (瘦果)의 형태로 긴 타원형이며 길이가 0.3~0.4㎝ 정도이고 폭은 0.15~0.20㎝ 정도이다.

물엉겅퀴의 줄기 모습

씨방의 맨 끝에 붙은 솜털 같은 관모(冠毛)는 우상으로 길이는 0.10~0.16㎝ 정도로서 오갈색이다. 물엉겅퀴의 뿌리는 지하경이다.

물엉겅퀴의 꽃봉오리 모습

우리나라에는 울릉도 전역의 양지바른 곳에 제한적으로 자라고 있으나 현재 개체수가 많지 않아 멸종위기 종에 등재되어 있다. 이웃나라 일본까지도 분포하고 있으며, 다른 엉겅퀴에 비해 키가 매우 큰 것이 특징이다.

물엉겅퀴의 뿌리 모습

번식은 종자와 포기나누기로 증식시킨다. 물엉겅퀴의 어린잎은 나물이나 국거리로 먹고, 또 말려서 묵나물로도 사용한다. 특히 울

룽도에서는 물엉겅퀴해장국이 무척 인기를 끌고 있다.

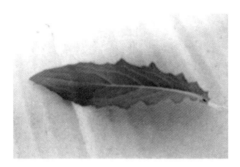

물엉겅퀴 잎의 윗면 모습

한방에서는 이 물엉겅퀴를 '대계'라고 하여 사용하고 있으며, 뿌리는 가을에 캐서 응달에서 건조하여 사용하고 잎과 줄기는 꽃이 피기 전에 채취하여 햇빛에 말려 사용한다.

물엉겅퀴 잎의 아랫면인 뒷면 모습

식물체에서 나오는 휘발성기름인 정유, 알칼로이드, 수지, 이눌린 등의 성분이 함유되어 있어 지혈, 해열, 소종에 효과가 있으며 감기, 백일해, 고혈압, 장염, 신장염, 토혈, 혈변, 산후조리, 대하증, 종기 치료제로 사용한다고 알려져 있다.

물엉겅퀴와 관련된 자료로는 「물엉겅퀴 지상으로부터 Pectolina-rin의 분리(1994)」, 「물엉겅퀴의 엽형 특성과 재배법 확립에 관한 연구(1996)」, 「울릉도산 산채류추출물의 총폴리페놀함량 및 항산화 활성(2005)」, 「울릉엉겅퀴의 식물화학적 성분연구(2005)」, 「외부형태형질에 의한 한국산엉겅퀴속(Cirsium Miller)의 분류학적 연구(2007)」, 「선정된 한국산엉겅퀴의 상대적항산화작용과 HPLC 프로필(2008)」, 「국내에 자생하는 일부 Cirsium속 식물들의 분자유전학적 유연관계분석(2015)」 등 다수가 존재한다.

마. 민흰잎엉겅퀴

- 학명 : Cirsium vlassovianum var. album Nakai

- 과명 : 국화과(Asteraceae) 엉겅퀴속(Cirsium Miller)

- 원산지 : 한반도

- 분포 및 서식지역 : 한반도 북부지역의 산지

- 특징 : 잎 뒤에 털이 없고 넓다.

민흰잎엉겅퀴는 한반도 북부지역의 산지에 나는 여러해살이풀로 크기인 초장(草丈)은 약 30~100㎝ 정도이다. 뿌리는 굵고 갈라지는 괴근을 가지고 있으며, 원줄기는 곧게 서고 능선이 있으며 가지가 여러 갈래로 갈라진다. 뿌리잎은 꽃이 필 때 없어지고 밑 부분의 잎은 잎자루가 있으나, 중앙부의 잎은 잎자루가 없이 어긋난다. 잎 모양은 긴 타원형 또는 계란형이고 끝이 뾰족하며 밑 부분이 좁아져서 원줄기를 둘러싸기도 한다. 잎의 길이는 10~20㎝ 정도로서 뒷면에 흰색을 띠고 있으며 털이 있다. 잎 가장자리는 밋밋하거나 침상의 톱니가 있다. 꽃은 8월경에 흰색으로 피고 머리 모양 꽃은 밑에 꽃싸개잎이 다소 있고 지름이 3~3.5㎝ 정도로서 줄기 끝과 그 부근의 잎겨드랑이에 곧추 달린다. 총포 모양은 종 모양이며 꽃부리는 길이가 1.8~1.9㎝ 정도이다.

민흰잎엉겅퀴의 열매는 다 익은 뒤에도 껍질이 터지지 않고 종자를 싼 채로 떨어지는 수과(瘦果)의 형태로 긴 타원형이며, 씨방의 맨 끝에 붙은 솜털 같은 관모는 우상이다.

북한의 송악산, 송진산, 나진 등 북부지방에 분포하는 한반도 고유종이다.

기본종인 흰잎엉겅퀴에 비해 잎 뒤에 털이 없고 넓으며 줄기를 감싸고, 꽃은 흰색이다. '흰꽃잎엉겅퀴'라고도 부른다. 관상식물로 이용할 수 있다.

바. 바늘엉겅퀴

- 학명 : Cirsium rhinoceros (H. Lev. & Vaniot) Nakai

- 과명 : 국화과(Asteraceae) 엉겅퀴속(Cirsium Miller)

- 이명 : 탐라엉겅퀴

- 원산지 : 대한민국

- 분포 및 서식지역 : 제주도 및 전남 보길도의 산지

- 특징 : 긴 가시를 가지고 있다.

　바늘엉겅퀴는 제주도와 전라남도 보길도에서 나는 여러해살이풀로 크기인 초장(草丈)은 약 50㎝ 내외이다. 줄기는 곧게 서고 윗부분이 2~3개로 갈라지고, 잎과 가지가 많이 달리며 줄과 털이 있다. 바늘엉겅퀴를 제주어로 '소웽이' 또는 '소왕가시'라고 부른다. 또한 '송애기'라고도 불리운다. 바늘엉겅퀴는 햇볕이 잘 들어오며 토양유기질 함량이 높은 산지 등에서 잘 자라고, 특히 한라산은 해발 1,000 고지 이상의 고산초원에서 무리를 지어 많이 자란다.

　근경은 지하경의 덩어리 모양으로 양끝이 뾰족한 방추형이고 길이가 30~40㎝ 정도이다. 뿌리에서 나온 잎은 줄기에서 나온 잎에 비해 크기가 크고 돌려나는데, 깃 모양으로 깊게 갈라지고 꽃이 필 때까지 남아 있거나 없어진다. 줄기 밑 부분의 잎은 변이가 큰 형질로 피침상 타원형이고 끝이 꼬리처럼 길어지며 밑 부분이 좁고 규칙

적인 깃꼴로 우상으로 갈라진다. 열편은 인접해 있으며 옆으로 또는 뒤로 젖혀지고, 흔히 갈라진 조각은 보통 3개이며 가장자리에 딱딱하고 날카로운 가시가 있다. 특히 바늘엉겅퀴는 다른 종에 비하여 줄기가 비대하고 잎의 가장자리에는 바늘같이 딱딱하고 날카로운 0.7~1.9㎝의 긴 가시가 있으며, 다른 종과 쉽게 구분이 된다. 제주도의 한라산에 제한적으로 분포한다.

꽃은 7~9월경에 진한 자줏빛으로 피고 머리 모양 꽃은 원줄기와 가지 끝에 각각 1개씩 두상화를 이루며 달린다. 꽃의 지름은 3~3.5㎝ 정도이다. 총포(總苞)는 길이가 1.6~2.7㎝ 정도이며 너비는 2.2~4.0㎝ 정도로 형상은 계란형으로 직립한다. 두상화는 잎 모양의 포에 싸여 있고, 총포조각은 7줄로 배열하는데, 외편 포조각은 침형으로서 퍼지고, 거미줄 같은 털이 있으며, 중편은 내편보다 길고 넓다. 중앙부의 폭이 0.2~0.3㎝ 정도로서 맥이 많다. 꽃잎이 서로 붙어 대롱같이 생기고 끝만 조금 갈라진 통상화로만 있다. 화관은 자주색이고, 길이가 1.8~1.9㎝ 정도로 모두가 양성이다.

바늘엉겅퀴의 열매는 긴 타원형 모양으로 다 익은 뒤에도 껍질이 터지지 않고 종자를 싼 채로 떨어지는 수과(瘦果)형태로서, 8~9월경에 달리고 긴 타원형 모양으로 길이가 0.35~0.40㎝, 너비는 0.15~0.25㎝ 정도로서 윗부분은 노란색이고 다른 부분은 자주색이다. 씨방의 맨 끝에 붙은 솜털 같은 관모(冠毛)는 우상으로 길이가 1.2~1.7㎝ 정도이고, 색깔은 갈색이다.

종자를 싸고 있는 꽃받침에 큰 가시가 많이 있고 그 안에는 아주 작은 애벌레가 통산 10마리 정도 들어 있다. 늦게 종자를 채종하면 애벌레가 씨눈을 먹기 때문에 익는 즉시 씨를 채취하는 것이 좋다. 다른 품종과는 달리 광택이 많이 나고 개화기간이 길기 때문에 여러 포기를 심어 관리하는 것도 좋다.

한방에서 잎, 뿌리, 줄기 등 식물체 전체를 대계(大薊)라고 하여 약재로 사용하고 어린잎은 식용으로 쓴다.

바늘엉겅퀴의 꽃말은 '독립, 고독한 사람, 엄격, 근엄'이다.

제주도에서는 소들이 풀을 뜯기 위해 이것에 가까이 갔다가 날카로운 가시 때문에 뒤로 물러서는 모습을 보고 '소왕'이라고 부른다. 학명에 '코뿔소'라는 뜻의 종소명을 가진 것처럼 잎 가장자리에 딱딱하고 날카로운 가시가 달려 있는 우리나라의 고유(특산)종이다. 특히 제주도 특산식물은 바늘엉겅퀴, 제주고사리삼, 섬잔대, 제주산버들 4종인데, 바늘엉겅퀴가 당당히 한 자리를 차지하고 있다.

바늘엉겅퀴 중에서 흰색 꽃이 피는 것을 흰바늘엉겅퀴라고 한다.

바늘엉겅퀴의 뿌리를 포함한 전체를 '대계'라 하며 약용한다. 이용방법은 여름과 가을철에 전초를 채취하여 햇볕에 말려서 사용한다.

바늘엉겅퀴의 성분은 전초에는 alkaloid, 정유를 함유하고, 뿌리는 taraxaxteryl acetate, stigmasterol, αamyrin, β-sitosterol을 함유한다고 나와 있다. 약효는 양혈, 지혈, 거어, 소옹종의 효능이 있으며, 토혈, 비출혈, 혈뇨, 혈림, 혈붕, 대하, 장풍, 장옹, 옹양종독, 정창을 치료하는데, 대략 5~10g을 달여서 복용한다. 혹은 짓찧어 낸 즙을 바른다.

우리나라에서는 희귀 및 멸종위기식물로 산림청에서 1997년에 지정하여 보호하고 있다.

바늘엉겅퀴와 관련하여 추가할 사항은 바늘엉겅퀴와 비슷하여 혼동하기 쉬운 식물로 제주도와 전라남도 거문도에 자생하는 가시엉겅퀴와 제주도에 자생하며 흰색의 꽃이 피는 흰가시엉겅퀴, 그리고 흰바늘엉겅퀴가 있는데, 이들은 모두 한국의 고유 토종식물이다. 그리고 확실하게 구분을 할 수 있는 방법은 바늘엉겅퀴는 다른 종에 비해 줄기가 비대하고 엽연에 바늘같이 딱딱하고 날카로운 가시와 수십 개의 꽃들을 밑에서 받치고 있는 모인 꽃싸개가 길게 발달하는 특징과 가시엉겅퀴보다 약 한 달 정도 늦게 개화를 하므로 가시엉겅퀴와 쉽게 구분을 할 수 있다.

바늘엉겅퀴와 관련된 연구 자료들을 살펴보면, 「바늘엉겅퀴의 Flavonoid 성분연구(1983)」와 「흰바늘엉겅퀴로부터의 플라보노이드(1994)」와 「바늘엉겅퀴의 노르이소프레노이드 성분 연구(2002)」가 있으며, 또 「외부형태형질에 의한 한국산 엉겅퀴속(Cirsium Miller)의 분류학적 연구(2007)」, 그리고 「한라산 특산 식물 바늘엉겅퀴, 한라개승마(2009)」 등이 있다.

사. 버들잎엉겅퀴

- 학명 : Cirsium lineare (Thunb.) Sch. Bip.

- 과명 : 국화과(Asteraceae) 엉겅퀴속(Cirsium Miller)

- 이명 : 솔엉겅퀴, 넓은잎버들엉겅퀴, 버들엉겅퀴

- 분포 및 서식지역 : 한국, 중국, 일본의 산기슭 다소 습한 풀밭

- 특징 : 잎 윗면에 털이 존재하지 않는 것

　버들잎엉겅퀴는 여러해살이풀로 크기인 초장(草丈)은 약 50㎝ 정도이고, 가늘고 곧게 서며 털이 별로 없다. 뿌리에서 나온 잎은 줄기에서 나온 잎에 비해 크기가 크고 꽃이 필 때쯤이면 없어진다. 줄기에서 나온 잎은 어긋난다. 중앙에 달린 잎은 줄 모양이고 끝이 길게 뾰족해지며 길이 6~20㎝ 정도이고 폭은 5~10㎝ 정도로 밑 부분이 좁아져서 짧은 엽병으로 되거나, 엽병이 거의 없다. 그리고 원줄기를 감싸지도 않으며 밑으로 흐르지도 않는다. 또 표면에는 털이 없지만 뒷면에는 거미줄 같은 털이 있으며 가장자리가 거의 밋밋하고 길이 0.1~0.2㎝ 되는 짧은 가시가 있다. 잎 아랫면의 색깔은 밝은 녹색을 띠고 있으며, 잎 윗면에 털이 존재하지 않는 것이 버들잎엉겅퀴의 특징이다.

　꽃은 8~10월경에 자줏빛으로 피고 머리 모양 꽃은 보통 가지 끝에 각각 1개씩 두상화를 이루며 달리고, 길이는 약 1.5㎝ 정도이고

폭은 2.0~2.5㎝ 정도이다. 총포는 끈적끈적한 점질이 있고 녹색이 며, 모양은 종형이다. 총포조각은 6~7줄로 비늘같이 배열되며 길이 는 1.2~2.8㎝ 정도이고 폭은 0.7~2.5㎝ 정도로 직립한다. 외포편이 가장 짧고 점차 길어지며 끝에 짧은 가시가 있고 뒷면에 점질과 더 불어 흰색의 거미줄 같은 털이 있다. 화서는 5열로 된 합판화관으로 방사상칭의 관상화로 원줄기와 가지 끝에 달려 직립하고 꽃의 기부 에 가시 모양의 소포엽이 있으며, 길이는 약 1.7㎝ 정도이다.

버들잎엉겅퀴의 열매는 편평한 긴 타원형 모양의 다 익은 뒤에도 껍질이 터지지 않고 종자를 싼 채로 떨어지는 수과(瘦果)형태로서, 길이는 0.3~0.4㎝ 정도이고 폭은 0.1~0.2㎝ 정도이다. 씨방의 맨 끝 에 붙은 솜털 같은 관모(冠毛)는 우상으로 길이가 1~1.5㎝ 정도로, 검은 빛을 띤 오갈색이다. 버들잎엉겅퀴의 근경은 통통한 지하경의 덩어리 모양이다.

어린잎은 식용으로 하고 전체를 '고요'라 하며 cirsilineol-4-mono-gluco side 등이 함유된 포기 전체를 약용으로 한다. 특히 버들잎엉 겅퀴는 여느 엉겅퀴들에 비해 잎이 선형 또는 좁은 피침형으로 가늘 고 길므로 구분하기가 쉽다.

버들잎엉겅퀴와 관련된 자료로는 「외부형태형질에 의한 한국산엉 겅퀴속의 분류학적연구(2007)」와 「선정된 한국산엉겅퀴의 상대적항 산화작용과 HPLC 프로필(2008)」이 있다.

아. 엉겅퀴

- 학명 : Cirsium japonicum var. maackii (Maxim.) Matsum.

- 과명 : 국화과(Asteraceae) 엉겅퀴속(Cirsium Miller)

- 이명 : 가시나물

- 원산지 : 대한민국

- 분포 및 서식지역 : 한국, 일본, 중국 북동부 및 우수리 지역의 산과 들

- 특징 : 꽃봉오리에 끈끈한 점액질

  엉겅퀴(大薊)는 우리나라 전역의 산과 들에 자라는 여러해살이 풀, 즉 다년생초본이라 한다. 그러나 필자가 직접 재배하며 관찰을 하여 본 결과, 2년차가 넘어가면 주근의 90% 이상이 고사하고 간혹더러 주근 옆쪽에 새로이 촉(새눈)이 생겨나오는 것을 확인한바 2년생으로 보는 것이 타당하다 생각된다. 분포는 우리나라를 비롯하여 이웃 중국 북동부 및 우수리 지역과 일본 등지이다. 자라는 환경은 양지바른 곳과 물 빠짐이 좋은 마사토 땅 같은 토양에서 잘 자란다.

야생에서 자라고 있는 엉겅퀴(대계) 모습 : 4월 중순경

엉겅퀴의 크기인 초장(草丈)은 보통 50~100㎝ 내외이나 토질에 따라 크게는 150㎝를 넘어 2미터 가까이 크는 것도 있다.

야생에서 자라고 있는
엉겅퀴 초장은 약 80㎝ 정도이다

재배 중인 엉겅퀴 초장은 큰 것이 약 194㎝ 정도이다

줄기(대궁)는 원주상으로 곧게 직립하고 기부는 폭이 1.2~2.2㎝ 정도이며 가시가 없이 매끈하고 실 같은 여린 솜털로 줄기 전체를 감싸고 있는데, 위로 올라갈수록 솜털이 작아지거나 없어진다. 바깥면의 색은 녹갈색내지 홍갈색이고 위로 갈수록 색깔이 옅어진다. 단면은 회백색이고 수부는 옥수수속대처럼 성글거나 속이 비어 있다.

엉겅퀴 대궁과 가지줄기의 모습   엉겅퀴 대궁을 확대한 모습   엉겅퀴 대궁 속 모습

줄기는 포기에서 마치 떨기식물처럼 여러 개, 보통 3~4개에서 많게는 40여 개까지 나온다.

한 포기의 엉겅퀴에서 여러 대궁이 나온 모습

더러는 줄기가 나무의 연리지처럼 뭉쳐서 나타나는 것도 있는데, 이때는 위로 갈수록 납작하게 된다.

줄기 사이에서 각각의 새싹인 가지줄기가 보통은 7~12개, 많게는 30여 개 정도 뻗어 나온다. 필자가 다년간 관찰한바 엉겅퀴의 자연산과 재배산은 여러 요인에 따라 다를 수 있으나, 자연산의 경우 줄기는 보통 1~2개, 많아야 3~5개 정도인데 비하여, 재배산은 토질에 따라 자연산보

연리지로 변한 엉겅퀴 대궁의 모습

다 5~10배 정도 더 왕성하게 자라 번성하고 있음을 확인할 수 있었다. 그리고 줄기의 중간에 있는 잎은 좁은 도란형 타원형 또는 피침형 타원형으로 우상으로 깊이 깃처럼 갈라지고, 밑은 원대를 감싸며 갈라진 가장자리가 다시 갈라지고 결각상의 톱니와 더불어 크기가 고르지 않은 가시가 나와 있어 접근을 막고 있다.

땅속줄기에서 직접 땅 위로 돋아나온 잎은 총생(叢生 : 여러 개의 잎이 짧막한 줄기에 무더기로 붙어 남)하며 도피침형이다. 우상의 심열(深裂 : 잎 가장자리에서 주맥까지의 절반 이상이 톱니처럼 갈라진 형태의 잎)이 있으며, 잎 끝은 뾰족하고 가장자리는 이와 같은 모양인 치아상이다. 잎의 끝에는 침과 같은 뾰족한 가시가 있다. 잎의 양면에는 털이 있으며 기부는 점점 좁아져서 양옆에 날개가 달린 납작한 잎자루를

형성한다. 뿌리잎은 꽃이 필 때까지 남아 있다가 차츰 시들어버리는데 줄기잎보다 크다.

어긋나기하는 줄기 잎은 보통 길이는 30~50㎝ 정도이고 폭이 15~20㎝ 정도이나, 토질의 비옥도에 따라서는 70㎝ 이상 큰 잎이 나오는 경우도 있다. 잎자루가 길고 잎 가장자리가 깊게 굴곡져 갈라지고 깊이 패어 들어간 모양의 톱니와 더불어 가시가 있다. 잎의 끝에 거친 가시들이 길이 0.1~0.4㎝로 뾰족하게 솟아 있다.

엉겅퀴의 밑둥인 뿌리에서 잎이 나온 모습

엉겅퀴의 대궁에서 잎이 나온 모습

잎의 위 표면은 회녹색 또는 황갈색이고, 아래 표면은 색이 비교적 옅으며 양면에는 잎 뒷면 전체에 흰털과 더불어 거미줄 같은 털이 있다.

엉겅퀴 잎의 윗면 모습

엉겅퀴 잎의 아래면(뒷면) 모습

엉겅퀴 잎의 단면 모습

뿌리는 긴 방추형이고 보통 모여서 나거나 구부러져 있으며, 길이
는 보통 5~15㎝ 정도이나 재배의 경우에는 60~70㎝ 정도까지 길게
자라는 것도 있다. 뿌리의 지름은 0.2~0.6㎝ 정도이고, 속심이 들
어 있다. 표면은 암갈색이고 불규칙한 세로 주름이 있으며, 질은 단
단하면서 약하고 쉽게 절단되며 단면은 거칠고 회백색인데, 1년생은
거의 흰색에 가깝고 2년생의 경우는 색이 회색으로 더 짙어지며 속
심도 단단해진다. 또 여러 갈래로 뻗고 새 뿌리가 계속 생겨나오며
약간 상큼 시원한 냄새가 난다. 뿌리를 씹어보면 맛은 단맛이 나지
만, 또 약간은 쓴맛도 난다. 동의보감에는 '엉겅퀴(大薊)의 맛은 미감
(味甘)이다'라고 수록되어 있다. 즉 단맛이 난다고 하였다.

엉겅퀴 2년생의 뿌리 모습 　　　엉겅퀴 2년생의 뿌리 : 진한 색
　　　　　　　　　　　　　　　　　(2년생), 엷은 색(1년생) 모습

 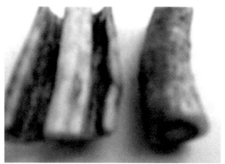

엉겅퀴 2년생의 밑둥 및
밑둥에 난 뿌리 모습

2년생 엉겅퀴 뿌리의 단면 모습 :
표피 속에 심이 들어 있다

꽃은 두상화서(여러 꽃이 꽃대 끝에 머리 모양으로 피어서 한송이처럼 보이는 꽃)로 지름이 3~5㎝ 정도이다. 6~8월경에 피고 가지 끝과 원줄기 끝에 한 개씩 정생한다. 꽃부리는 자주색 또는 적색으로 길이는 1.9~2.4㎝ 정도이고, 모두 통상화로 양성이다.

좀 더 세분하여 살펴보면, 개화 시기는 자생 엉겅퀴는 6월 중순경부터 8월 하순까지 피고, 하우스 등 육묘를 하여 이식재배 한 엉겅퀴의 경우는 5월 말경부터 10월 말까지 피기도 한다. 특히 이식재배의 경우 첫해에는 성장속도에 따라서 6월 말경부터 늦게는 첫서리가 오기 전까지 개화하며, 이듬해인 2년차에서는 정상 개화기에 꽃을 피운다.

만개한 엉겅퀴 꽃의 모습

꽃의 색깔은 보라색과 붉은색, 분홍색, 흰색으로 자주색에서 적색으로 피고 지고 다시 새 꽃눈이 나와서 반복하며 개화 및 결실을 한다.

꽃봉오리가 맺히기 시작하여 4~5일 정도 경과하면 만개하고, 다시 6~7일 정도 지나면 완전결실이 된다. 꽃은 가장자리부터 피기 시작하여 가운데 쪽으로 끝까지 빈틈없이 핀다. 꽃차례에는 설상화가 없고 모두 통상화만 있다.

총포엽편은 여러 가지 모양이 있으며, 총포엽과 총포엽편의 모양은 많은 종을 구별할 때 특징이 된다. 총포엽은 통 모양 또는 종 모양이다. 총포(總苞)의 포조각은 흑자색을 띠고 7~8줄로 배열하고 안쪽일수록 길어지며 피침형이다. 또한 꽃은 관상화로만 이루어진 두화가 가지와 줄기 끝에 1~2개에서 3~4개씩 달리며 총포는 지름이 1~2㎝ 정도이고, 매우 끈적끈적한 점액을 꽃받침에 분비시켜서 씨방을 보호하고 있다. 이 점액 때문에 엉겅퀴에 많이 기생하는 진딧물도 꽃받침에는 기생하지 않는다.

엉겅퀴 꽃망울이 생성되는 모습

엉겅퀴 꽃망울이 터지기 직전의 모습

엉겅퀴의 씨방이 형성되고 있는 모습

엉겅퀴 꽃술의 모습

특이한 사항으로 꽃이 피는 모양이 줄기가 뭉쳐서 납작하게 되었을 때(연리지 형상)는 그룹으로 모여서 피기도 하며, 간혹 본줄기가 연리지 형태로 성장하다가 개화 시기에 상층부에서 분리되어 정상적인 개화가 이루어지는 경우도 있다. 또한 정상적인 포기에서도 꽃술이 파마 곱슬머리처럼 생긴 꽃봉오리가 생기기도 하며, 이는 연리지가 된 포기에서도 나타나는 것도 있다. 또 필자가 관찰한 바로는 엉경퀴(大薊)의 같은 종자에서도 꽃송이가 다음과 같은 3가지 형상을 확인하였다.

① 일반적인 보라색의 꽃송이, ② 백색의 꽃송이, ③ 보라색이면서 꽃술이 곱슬 형태인 꽃송이가 있었다. 엉겅퀴에 간혹 연리지가 생기는데 줄기뿐만 아니라 꽃에도 생기는 것을 볼 수 있다. 그러나 연리지가 생기는 원인을 필자는 아직 찾지를 못하였다.

곱슬이 된 엉겅퀴 꽃술의 모습

꽃술이 흰색인 엉겅퀴 꽃의 모습

연리지가 된 줄기에 모여 핀 엉겅퀴 꽃봉오리

연리지가 된 줄기에 모여 핀 엉겅퀴 흰색 꽃봉오리

엉겅퀴의 흰색 곱슬 꽃봉오리   엉겅퀴 줄기에 기생하는 진딧물 :
꽃봉오리에는 없다

엉겅퀴의 열매는 6~10월경에 꽃이 핀 순서대로 익는다. 보통 꽃이 피고 일주일 후면 결실이 되는데, 결실 후 낙하산처럼 생긴 갓털을 달고 비상하여 민들레 홀씨처럼 사방으로 흩어진다.

완전결실된 엉겅퀴 봉오리의 모습

엉겅퀴의 씨앗은 갈고리 모양의 긴 타원형 모양으로 다 익은 뒤에 도 껍질이 터지지 않고 종자를 싼 채로 떨어지는 수과(瘦果)형태로

이것이 엉겅퀴다(This is Thistle)

서, 무게는 개당 0.004g 정도이고 크기는 길이가 0.3~0.4㎝ 정도이고 폭은 0.15~0.20㎝ 정도이며, 색깔은 짙은 갈색이다. 씨의 맨 끝에 붙은 솜털 같은 관모(冠毛)는 42~44개의 털로 이루어져 있으며 우상이고 길이는 1~1.8㎝ 정도이며, 관모 1개마다 0.1㎝ 정도 크기의 가벼운 털이 촘촘히 붙어 있다. 관모의 색깔은 검은 빛을 띤 오갈색이다.

엉겅퀴의 결실에 대해 좀 더 세세하게 설명을 부연하여 보면, 엉겅퀴는 보통 꽃이 개화된 지 5~8일째부터 익기 시작한다. 이때 익은 열매는 씨방(꽃봉오리)의 색이 초록색 → 엷은 갈색 → 짙은 갈색으로 변하고 꽃술이 위쪽으로 약간 봉긋이 부풀어

엉겅퀴(大薊) 씨앗 모습

오른다. 꽃술이 부풀기 시작하고 2~3시간 후면 비상하여 흩날리기 시작하여 2시간 정도면 다 날아가버린다. 대개 맑은 날의 경우 오전 8시부터 오후 4시 사이에 잘 여물고, 특히 정오경에 절정을 이룬다. 또한 날씨가 잔뜩 흐리거나 비가 내리기 전날엔 특히 많이 익는다. 아침에 해 뜨기 전에는 웅크리고 있다가 햇볕을 받아 기온이 오르면 비상하기 시작한다. 해가 지고 나면 다시 웅크리고 있다가 다음날을 기약한다. 익은 열매에서 씨가 다 날아가고 나면 얼마 후 꼭지도 떨어져 버린다. 일기 등으로 인하여 간혹 미처 씨를 방출 못한

것은 흑갈색으로 탈색되어 붙어 있다가 그냥 떨어져버리기도 한다.

엉겅퀴 씨앗이 비상을 시작하는 모습   엉겅퀴 씨앗이 비상 중인 모습

종자들이 모체로부터 멀리 분리되는 이유는 바로 다른 식물의 생장을 억제하는 타감물질을 분비하는 까닭이다. 엉겅퀴의 종자가 바람에 날릴 수 있는 이유는 관모 때문이다. 관모는 바람을 타고 종자를 비교적 멀리(보통은 몇십 미터에서 몇백 미터 정도인데 간혹 멀리는 2~3㎞까지도 날아간다)날리는 역할을 하기도 하지만, 흡수성을 발휘하여 수분을 모아 씨앗의 발아를 도와주기도 한다. 씨앗에 붙은 관모가 발달하는 이유로는 엉겅퀴도 비교적 양분을 많이 필요로 하는 식물이기 때문에 어린 종자가 곁에 붙어서 뿌리를 내리면 종모 자신은 물론 모체까지 생장에 어려움을 초래하기 때문이다. 모체는 주변에 있는 비슷한 종자들이 발아하지 못하도록 할 수밖에 없는데, 이를 방지하기 위한 수단으로 보인다. 대개의 식물종자들은 발아에

필요한 생식능력을 가지고 있어서 발아조건이 충족되면 바로 발아를 하게 된다. 결실기가 끝난 엉겅퀴는 지상부의 대 위로는 고사하여 죽고 뿌리 부분은 살아남아 겨울을 난다. 그리고 2년이 지난 모근은 거의(약 80~90% 정도) 고사하고 모근에 붙은 실뿌리가 가끔 살아나가도 한다.

엉겅퀴 씨앗이 다 날아가고
대궁이 고사 중인 모습

엉겅퀴 씨방 속의 모습

결실된 엉겅퀴 봉오리와 씨의 분리

엉겅퀴 씨앗(좌하 : 쭉정이, 우상 : 정상결실)

필자가 씨앗을 채종하여 본 결과 씨앗의 수거율도 자연산은 송이

당 5~7%(쑥정이 93~95%) 정도이고, 재배산은 40~50%(쑥정이 50~60%)
정도이다.

월동 중인 2년차 엉겅퀴 모습 : 1월 중순경   2년생 엉겅퀴 뿌리 주변에 촉이 돋는 모습

엉겅퀴의 꽃봉오리에서 끈끈한 점액질과
연관된 재미난 사례가 있어 옮겨 본다. 엉
겅퀴가 생체모방공학(대자연 속의 특정 사물
을 모방해 생활에 적용 가능한 형태로 만들어내
는 학문)에 적용된 사례로 일명 '찍찍이'로
불리는 접착포인 벨크로(Velcro)이다. 순간
적으로 쩍 달라붙지만 잘 떨어지지 않는
벨크로는 지금은 지퍼만큼이나 널리 사용

발아 10일경 아기엉겅퀴 모습 :
뿌리의 발육이 대단하다

되고 있는데, 이는 1948년 스위스의 공학자인 조지 드메스트랄이
하이킹을 나갔다가 자신의 옷과 애견 몸의 털에 달라붙는 엉겅퀴를
보고 영감을 얻어 발명하였다 한다.
　엉겅퀴의 어린 식물체는 나물 등 식용으로 쓰이고, 다 자란 식물

체는 잎, 줄기, 뿌리는 약용으로 이용한다.

우리나라의 엉겅퀴에 대해 1910년대에 남편을 따라 국내에 왔던 미국 여성인 플로렌스 H. 크렌이 1931년경에 순천에서 저술한 『한국의 야생화 이야기(한국의 야생화가 서양에 최초로 알려짐)』에서 이렇게 묘사(描寫)하고 있다.

"What cow would eat a thistle? But this 'thorn flower', nevertheless, gives up a 'valued drug', from its roots(역 : 어떤 소가 엉겅퀴를 먹으려 할까? 그러나 이 '가시 돋친 꽃'은 가시가 있음에도 불구하고 그 뿌리는 '소중한 약재'로 쓰인다)."

엉겅퀴와 관련된 자료로는 「한국산 소계, 대계의 생약학적 연구 (1964)」, 「엉겅퀴의 성분연구(1974)」, 「엉겅퀴의 Tritorpenoid에 대해서 (1974)」, 「엉겅퀴 꽃의 성분 연구(1981)」, 「쓰임새 많은 자원식물 엉겅퀴 (1993)」, 「엉겅퀴에서 Flavone 배당체의 분리(1994)」, 「엉겅퀴 지상부에서 분리한 후라본 배당체 및 생리활성(1995)」, 「엉겅퀴지상부의 심혈관 작용활성 및 후라본 배당체의 분리(1997)」, 「쑥 및 엉겅퀴가 식이성고지혈증 흰쥐의 혈청지질에 미치는 영향(1997)」, 「엉겅퀴에서 분리 정제한 Silybin의 사람 Low Density Lipoprotein에 대한 항산화 효과(1997)」, 「국화과 약용식물의 면역증진활성 검색(2002)」, 「엉겅퀴추출물의 항산화성, 항돌연변이원성 및 항암활성 효과(2003)」, 「엉겅퀴잎 추출물 및 잔유물의 Allelopathy 효과(2004)」, 「엉겅퀴의 건강기능성 및 그 이용에 관한 연구(2005)」, 「한국산 엉겅퀴군(국화과)

식물의 수리분류학적 연구(2006)」, 「ICR 생쥐에서 엉겅퀴 잎 추출물의 항우울 효과(2006)」, 「엉겅퀴 추출물이 종양면역에 미치는 영향(2006)」, 「'엉겅퀴' 관련어휘의 통시적 고찰(2007)」, 「플라보노이드함유 엉겅퀴를 이용한 기능성 다류 개발(2007)」, 「외부형태형질에 의한 한국산엉겅퀴속(Cirsium Miller)의 분류학적 연구(2007)」, 「대계와 실리비닌의 mouse BV2 Micropilal Cells에서 lipopolysaccharide에 의해 유발된 염증 반응에 대한 신경 효과(2007)」, 「선정된 한국산엉겅퀴의 상대적항산화작용과 HPLC 프로필(2008)」, 「엉겅퀴 액상추출물로 인한 게놈에스트로젠 수용경로의 조절에 관한 연구(2008)」, 「엉겅퀴 추출물 실리마린의 피부미백 효과(2009)」, 「자생 엉겅퀴의 부위별 기능성성분 항산화 효과(2009)」, 「엉겅퀴섭취가 Streptozotocin유발 당뇨흰쥐의 혈당과 지질수준에 미치는 영향(2010)」, 「Mycobacteria 에 대해 항균력을 나타내는 엉겅퀴의 분류를 위한 ITS1, 5.8S rRNA, ITS2의 염기서열 분석(2010)」, 「엉겅퀴부위별 추출물의 항산화 및 항염증효과(2011)」, 「엉겅퀴추출물 및 분획물의 항위염 및 항위궤양 효과에 대한 연구(2011)」, 「RAW 264.7 세포에서 NF-KB 활성억제로 LPS-유도 염증반응을 저해하는 엉겅퀴 유래 폴리아세틸렌 화합물(2011)」, 「국내 자생 엉겅퀴 추출물의 항산화 성분 및 활성(2012)」, 「엉겅퀴 뿌리 및 꽃 추출물의 간 성상세포 활성 억제 효과(2012)」, 「엉겅퀴 70% 에탄올추출물의 RAW264.7 세포에서 Heme oxygenase-1 발현을 통한 항염증 효과(2012)」, 「엉겅퀴 잎 및 꽃 추출물이 정상인

적혈구와 혈장의 산화적 손상에 대한 보호효과(2012)」, 「중년 남성들의 복합운동과 엉겅퀴 추출물 섭취가 산화적 스트레스, 항산화 능력 및 혈관 염증에 미치는 영향(2012)」, 「엉겅퀴 추출물의 기능 성분 분석 및 TGF-beta에 의한 간 성상 세포 활성 억제효과(2013)」, 「Ferric Chloride로 유도된 렛트 경동맥 손상 및 혈전에 대한 수용성 엉겅퀴 잎 추출물의 혈행 개선효과(2013)」, 「엉겅퀴 잎 수용성 추출물의 콜라겐 유도 관절염 억제효과(2013)」, 「지역별 국내 자생 엉겅퀴 추출물의 항균 활성(2014)」, 「엉겅퀴 부위별 열수추출물의 항비만 효과(2015)」, 「국내에 자생하는 일부 Cirsium속 식물들의 분자유전학적 유연관계 분석(2015)」, 「난소절제 흰쥐에서 엉겅퀴 추출물의 골다공증 보호효과(2015)」, 「엉겅퀴 정유의 화학적 조성 및 수확시기에 따른 주요 화합물 함량 변화(2016)」, 「엉겅퀴의 항산화활성 및 손상된 흰쥐간세포(BNL CL.2)에 대한 간 보호효과(2017)」 등이 있다.

자. 정영엉겅퀴

- 학명 : Cirsium chanroenicum (L.) Nakai
- 과명 : 국화과(Asteraceae) 엉겅퀴속(Cirsium Miller)
- 원산지 : 대한민국

- 분포 및 서식지역 : 지리산(정령치), 가야산, 구례 등에 분포(깊은 산 풀밭)

- 특징 : 고려엉겅퀴에 비해 꽃술 윗부분이 약간 노란색을 띰

정영엉겅퀴는 우리나라(지리산 정령치, 가야산 새재, 구례에 분포)에서만 서식하고 있는 특산종이며 여러해살이풀로 크기인 초장(草丈)은 50~100㎝ 정도이다. 일반 엉겅퀴에 비하여 계곡의 능선보다는 양지나 음지를 가리지 않고 습기가 많은 계곡 주위에 많은 군락을 이루고 있다.

원줄기는 골이 파진 능선이 있으며 가지가 갈라진다. 뿌리는 굵으며 깊이 뻗어 들어간다.

뿌리에서 나온 잎은 꽃이 필 때 흔히 없어진다. 중앙부에 달린 잎은 계란형이며 잎자루가 길고 끝이 뾰족하고 밑 부분이 절저이거나 다소 좁아져서 엽병의 날개로 되며 길이는 11~16.5㎝ 정도이다. 또 표면에는 털이 다소 있고 밋밋한 가장자리에 침상의 톱니가 있거나, 밑 부분이 1~2쌍 정도로 갈라진다. 엽병은 길이가 1.42~3.11㎝ 정도이다.

머리 모양 꽃차례인 두상화는 7~8월경에 3~4개가 모여 달리거나 수상으로 배열되고, 지름이 2.5~3.0㎝ 정도로서 화경이 짧다. 총포는 종형이고 길이가 0.2㎝ 정도이고 폭은 1.5~2.0cm 정도이다. 총포편의 길이는 0.3~0.4㎝ 정도이고 폭은 0.1~0.2㎝ 정도로서 거미줄 같은 털이 있으며, 6줄로 배열된다. 외편(外片)은 선형 또는 난형

이며 끝이 길게 뾰족해지고 뒷면에 다소 점질이 있다. 화관은 길이 약 1.8㎝ 정도이고, 꽃의 색깔은 노란빛이 도는 황백색이다. 다른 엉 경퀴들은 모구 수술이 곧게 서 있지만, 정영엉경퀴는 안으로 들어가 는 모습을 하고 있으며 수술이 나중에 터지게 되면 윗부분이 노랗 게 변한다.

정영엉경퀴의 열매는 편평한 긴 타원형 모양으로 다 익은 뒤에 도 껍질이 터지지 않고 종자를 싼 채로 떨어지는 수과(瘦果)형태로 서, 7~9월경에 달리고 긴 타원형 모양으로 길이가 0.17~0.21㎝ 정도 이고 폭은 0.1~0.2㎝ 정도로서 밑 부분이 좁으며 자주색 줄이 있 다. 씨방의 맨 끝에 붙은 솜털 같은 관모(冠毛)는 우상으로 길이가 0.27~1.19㎝ 정도이고, 관모의 수는 4~44개 정도이며 색깔은 오갈색 이다.

어린잎은 식용(나물)으로 사용하고, 포기 전체를 약재로 활용한 다.

정영엉경퀴는 지리산 정령치라는 고개에서 최초로 발견되었다고 하여 정영엉경퀴로 명명되었다고 하며, 또 꽃이 엉경퀴 꽃과 비슷 해, '정녕 네가 엉경퀴란 말이냐?'라고 한 데에서 유래했다고도 한 다.

정영엉경퀴와 관련된 자료로는 「고려엉경퀴, 정영엉경퀴 및 동래엉 경퀴의 분류학적 실체검토(2005)」와 「야생정영엉경퀴 재배기술 및 가 공식품 개발(2007)」, 그리고 「선정된 한국산엉경퀴의 상대적항산화작용과 HPLC 프로필(2008)」과 「국내에 자생하는 일부 Cirsium속 식물들의 분자유전학적 유연관계 분석(2015)」 등이 있다.

차. 큰엉겅퀴

- 학명 : Cirsium pendulum Fisch. ex DC.

- 과명 : 국화과(Asteraceae) 엉겅퀴속(Cirsium Miller)

- 이명 : 장수엉겅퀴

- 분포 및 서식지역 : 한국, 일본, 중국만주, 동시베리아에 분포(들이나 강가 등 낮은 지대)

- 특징 : 전체 화관의 길이에서 아래화통의 길이가 길다.

　큰엉겅퀴는 한국 등 동북아 지역에 분포하는 여러해살이풀로 크기인 초장(草丈)은 보통 100~200㎝ 정도이나 때로는 그 이상으로 자라는 것도 있다. 원줄기는 곧게 서고, 윗부분에서 가지가 많이 갈라지며 세로로 줄이 있고 거미줄 같은 털이 있다. 숲 가장자리와 강가의 습지 또는 농가 주변의 언덕 등 주로 낮은 지대에서 자란다.

큰엉겅퀴 모습

뿌리에서 나온 잎과 줄기 밑 부분에 달린 잎은 중앙부에 달린 잎에 비해 크기가 크고 꽃이 필 때 흔히 말라 없어진다. 이때의 잎은 길이 40~50㎝ 정도, 너비 20㎝ 정도이며 깊게 갈라지고 찢어진 조각은 끝이 뾰족하며 양면에 털이 있고 밑 부분이 엽병의 날개로 되며 가장자리가 우상으로 갈라지고 열편에 결각상의 톱니와 가시가 있다. 중앙부의 잎은 피침상 타원형이며 끝이 꼬리처럼 길게 뾰족해지고 길이 15~25㎝ 정도로서 밑 부분이 원줄기에 직접 달리며 우상으로 갈라지고 가시가 있다.

1년생 큰엉겅퀴의 모습

줄기 윗부분에 대롱 꽃만으로 된 머리 모양의 연한 보라색 꽃이 고개를 숙인 채 7~10월경에 피며 지름 3~4㎝ 정도로서 원줄기와 가지 끝에 두상화가 달린다.

특히 큰엉겅퀴는 전체 화관의 길이에서 아래화통의 길이가 1.8~2.5㎝ 정도로 다른 종들에 비해서 상대적으로 길어 다른 종들과 구분하는 데 좋은 형질로 나타난다.

총포(總苞)는 계란 모양이며 길이는 1.6~3.2㎝ 정도이고 폭은 1.6~5.1㎝ 정도로서 다소 끈끈한 점질과 거미줄 같은 털이 있다. 흔히 자줏빛이 돌며 포편은 8줄로 배열되어 있는데, 외편이 가장 짧으며 중편은 선형으로서 끝이 가시처럼 되고 뒤로 젖혀지며 잎의 한 가운데를 세로로 통하고 있는 굵은 잎맥에 검은 빛이 돈다.

큰엉겅퀴 꽃봉오리의 모습

　뿌리는 가운데 굵은 중심뿌리가 직근으로 뻗고 뿌리 상층부에 여러 갈래의 잔뿌리가 돋는다.

1년생 큰엉겅퀴 뿌리의 모습

2년생 큰엉겅퀴 뿌리의 모습

큰엉겅퀴의 열매는 긴 타원형 모양으로 다 익은 뒤에도 껍질이 터지지 않고 종자를 싼 채로 떨어지는 수과(瘦果)형태로서 길이는 0.3~0.4㎝ 정도이고 폭은 0.1~0.2㎝ 정도로서 4개의 모가 난 능선이 있다. 씨방의 맨 끝에 붙은 솜털 같은 관모는 우상으로 길이는 1.6~2.2㎝ 정도로서 검은 빛을 띤 갈색이다.

큰엉겅퀴 씨앗의 모습

결실 중인 큰엉겅퀴의 모습

결실이 끝난 큰엉겅퀴의 모습 :
씨앗이 비상하고 있다

결실이 끝나고 고사 중인 큰엉겅퀴의 모습

어린순은 나물로 먹고 한방에서 '大薊'라 하여 약재로 쓰는데, 각혈, 코피, 자궁 출혈, 소변 출혈, 종기와 급성 간염으로 인한 황달 등에 효과가 있다고 알려져 있다.

큰엉겅퀴에 관련한 자료로는 「한국산 큰엉겅퀴에서 Cirsimarin의 분리 및 확인(1978)」, 「외부형태형질에 의한 한국산엉겅퀴속의 분류학적 연구(2007)」, 「선정된 한국산엉겅퀴의 상대적항산화작용과 HPLC 프로필(2008)」, 「자생 엉겅퀴의 부위별 기능성성분 항산화 효과(2009)」, 「국내에 자생하는 큰엉겅퀴와 고려엉겅퀴의 분자유전학적 및 화학적 분석(2012)」, 「국내에 자생하는 일부 Cirsium속 식물들의 분자유전학적 유연관계 분석(2015)」 등이 있다.

겨울을 지난 2년생 큰엉겅퀴의 새순이 나오는 모습 : 2월 하순경

카. 흰가시엉겅퀴

- 학명 : Cirsium japonicum var. spinosissimum for. alba T.B.Lee
- 과명 : 국화과(Asteraceae) 엉겅퀴속(Cirsium Miller)
- 분포 및 서식지역 : 우리나라의 각지에 분포

흰가시엉겅퀴는 여러해살이풀로 크기인 초장(草丈)은 보통 50~100㎝ 정도이고 전체에 백색 털과 더불어 거미줄 같은 털이 있으며 위로 갈수록 가지가 갈라진다.

뿌리에서 나온 잎은 꽃이 필 때까지 남아 있고 중앙부에 달린 잎에 비해 크기가 크고 타원형 또는 피침상 타원형이다. 길이는 6~10㎝ 정도로서 밑 부분이 좁으며, 6~7쌍의 우상으로 갈라지고 양면에 털이 있으며 가장자리에 결각상의 톱니와 더불어 가시가 있다. 중앙부에 달린 잎은 피침상 타원형이며 원줄기를 감싸고 우상으로 갈라진 가장자리가 다시 갈라진다. 잎이 다닥다닥 달리고 보다 가시가 많다.

줄기 윗부분에 대롱 꽃만으로 된 머리 모양의 꽃이 6~8월경에 백색으로 피며, 폭은 3~5㎝ 정도로서 가지 끝과 원줄기 끝에 달린다.

총포는 둥글며 길이는 1.8~2.0㎝ 정도이고, 폭은 2.5~3.5㎝ 정도이다. 포편은 7~8줄로 배열되며 겉에서 안으로 약간씩 길어지고 끝이 뾰족한 선형이다. 화관은 흰색이며, 길이는 1.9~2.4㎝ 정도이다.

흰가시엉겅퀴의 열매는 긴 타원형 모양으로 다 익은 뒤에도 껍질이 터지지 않고 종자를 싼 채로 떨어지는 수과(瘦果)형태로서 길이는 0.35~0.40㎝ 정도이며, 씨방의 맨 끝에 붙은 솜털 같은 관모(冠毛)는 길이 1.6~1.9㎝ 정도이다.

타. 흰고려엉겅퀴

- 학명 : Cirsium setidens for. alba T.B.Lee
- 과명 : 국화과(Asteraceae) 엉겅퀴속(Cirsium Miller)
- 원산지 : 대한민국
- 분포 및 서식지역 : 전국의 산과 들

흰고려엉겅퀴는 대한민국 고유의 특산종으로 여러해살이풀이며, 전국의 산과 들에 분포되어 있다. 뿌리는 땅속으로 곧게 내리며 크기인 초장(草丈)은 100㎝ 정도까지 자란다. 뿌리에서 나온 잎은 꽃이 필 때 시들고, 중앙부 줄기에 달린 잎은 타원 모양의 피침형 또는 계란 모양이며 밑쪽 잎은 잎자루가 길고 위쪽 잎은 잎자루가 짧다. 잎의 앞면은 녹색바탕에 털이 약간 나며 뒷면은 흰색에 털이 없고 가장자리가 밋밋하거나 가시 같은 톱니가 있다.

꽃은 관상화로서 7~10월경에 흰색으로 피며 지름이 3~4㎝ 정도로서 원줄기와 가지 끝에 한 송이씩 피어난다. 총포는 둥근 종 모양이고, 길이는 약 2㎝ 정도이며 털이 빽빽하게 난다.

흰고려엉겅퀴의 열매는 긴 타원형 모양으로 다 익은 뒤에도 껍질이 터지지 않고 종자를 싼 채로 떨어지는 수과(瘦果)형태로 길이는 0.35~0.40㎝ 정도의 긴 타원형이며 9~11월경에 익는다. 씨방의 맨 끝에 붙은 솜털 같은 관모의 색깔은 연갈색이다.

어린잎은 나물로 먹고 식물 전체를 한방에서 줄기와 뿌리를 거풍, 충독, 해수, 거담, 이질, 해독, 감기, 신장염 등에 약재로 쓴다.

흰고려엉겅퀴와 관련된 자료로는 「선정된 한국산엉겅퀴의 상대적 항산화작용과 HPLC 프로필(2008)」이 있다.

파. 흰도깨비엉겅퀴

- 학명 : Cirsium schantarense for. albiflorum Y.N.Lee

- 과명 : 국화과(Asteraceae) 엉겅퀴속(Cirsium Miller)

- 분포 및 서식지역 : 한반도 북쪽 백두산 일원의 깊은 골짜기

- 특징 : 꽃의 색깔이 흰색

흰도깨비엉겅퀴는 여러해살이풀이며, 크기인 초장(草丈)은 50~150㎝ 정도이고, 깊은 골짜기 등 깊은 산에 많이 자생한다. 줄기 윗부분에는 거미줄 같은 털이 있다. 우리나라의 경우는 백두산에 많이 분포되어 있다고 알려져 있다.

중앙부 줄기에 달린 잎은 호생타원형 또는 피침상 타원형이고 길이는 7.5~34.8㎝ 정도이며 폭은 3.0~14.2㎝ 정도이다. 끝이 뾰족하고 깃 모양으로 약간 갈라지며 가장자리에 가시 같은 톱니가 있다. 잎 뒷면에는 거미줄 같은 털이 밀생한다.

머리 모양 꽃이 7~9월경에 흰색으로 피며 길이는 2.4~3.8㎝ 정도이고 폭은 2.5~5.4㎝ 정도로, 줄기나 가지 끝에 1개씩 밑으로 처져 달린다. 총포(總苞)는 둥근 모양이고 길이는 1.5~2.7㎝ 정도이고 폭은 2.1~3.9㎝ 정도이다.

총포조각은 6줄로 배열되며 끝이 뾰족하고 뒷면에 점질이 있기도 한다. 꽃부리는 길이 1.8~3.0㎝ 정도이다.

흰도깨비엉겅퀴의 열매는 다 익은 뒤에도 껍질이 터지지 않고 종자를 싼 채로 떨어지는 수과(瘦果)형태로 칙칙한 갈색이며 길이는 0.3~0.5㎝ 정도이고 폭은 0.1~0.2㎝ 정도이며, 긴 타원형으로 털이 없다. 씨방의 맨 끝에 붙은 솜털 같은 관모는 길이가 0.7~1.9㎝ 정도이고 색깔은 갈색이다.

어린잎은 식용한다. 도깨비엉겅퀴를 닮았으나, 흰색 꽃이 핀다.

하. 흰바늘엉겅퀴

- 학명 : Cirsium rhinoceros for. albiflorum Sakata et Nakai

- 과명 : 국화과(Asteraceae) 엉겅퀴속(Cirsium Miller)

- 원산지 : 대한민국

- 분포 및 서식지역 : 제주도의 산간지대

- 특징 : 꽃의 색깔이 흰색

흰바늘엉겅퀴는 우리나라의 제주도 한라산 해발 1,500m 이상의 산지에서 드물게 자라는 여러해살이풀로 크기인 초장(草丈)은 약 50~60㎝ 정도이다. 줄기의 윗부분이 2~3개로 갈라지고 잎과 가지가 많이 달리며 줄기에 줄과 털이 있다.

뿌리는 방추형의 지하경이며 길이는 30~40㎝ 정도이다.

뿌리에서 나온 잎은 꽃이 필 때까지 남아 있거나 없어진다. 중앙부 줄기에 달린 잎은 도피침형이고 끝이 꼬리처럼 길어지고 밑 부분이 좁으며 규칙적인 우상(羽狀)으로 갈라진다. 열편은 인접해 있으며 옆으로 또는 뒤로 젖혀지고 흔히 3개로 갈라지며 가장자리에 길이가 0.7~1.9㎝ 정도의 딱딱하고 날카로운 가시가 있다.

흰바늘엉겅퀴의 화서인 머리 모양 꽃차례는 방사상칭의 관상화로 가지 끝과 원줄기 끝에 달리고 꽃의 기부에 가시 모양의 소포엽이 있으며 흰색 꽃이 핀다. 꽃의 폭은 1.7~3.7㎝ 정도로서 잎 같은 포로 싸여 있다.

총포(總苞)는 길이가 1.6~2.7㎝ 정도이고 폭은 2.2~4.0㎝ 정도이다. 총포조각은 7줄로 배열되며 외편은 침형으로서 퍼지고 거미줄 같은 털이 있으며 중편은 내편보다 길고 넓으며 중앙부의 폭이 0.2~0.3 ㎝ 정도로서 맥이 많다.

흰바늘엉겅퀴의 열매는 다 익은 뒤에도 껍질이 터지지 않고 종자를 싼 채로 떨어지는 수과(瘦果)형태로 긴 타원형이며 길이는 0.35~0.40㎝ 정도이고 폭은 0.15~0.25㎝ 정도로서 윗부분이 황색이고, 다른 부분은 자주색이다.

씨방의 맨 끝에 붙은 솜털 같은 관모(冠毛)는 우상으로 길이 1.2~1.6㎝ 정도이며 색깔은 갈색이다.

바늘엉겅퀴와 거의 비슷하며 다만 흰 꽃이 피는 것이 다르고 개체수가 그다지 많지 않은 고유종이다. 산림청에서 흰바늘엉겅퀴를 희귀 및 멸종위기식물로 1997년에 선정하였다.

흰바늘엉겅퀴와 관련된 자료로는 「흰바늘엉겅퀴로부터의 플라보노이드(1994)」가 있다.

거. 흰잎고려엉겅퀴

- 학명 : Cirsium setidens var. niveoaraneum Kitamura

- 과명 : 국화과(Asteraceae) 엉겅퀴속(Cirsium Miller)

- 원산지 : 대한민국

- 분포 및 서식지역 : 우리나라 전국 각지의 산야

- 특징 : 잎 뒷면이 모시풀같이 백색

    흰잎고려엉겅퀴는 여러해살이풀로, 크기인 초장(草丈)은 100㎝ 정도에 달하고 가지가 사방으로 퍼진다.

    뿌리에서 나온 잎과 줄기 밑 부분의 잎은 꽃이 필 때 쓰러지거나 없어진다.

    줄기 잎은 어긋나기하며 중앙부의 잎은 엽병이 있고 계란 모양 또는 타원상피침형이며 끝이 대개 뾰족하고 밑 부분이 절제 또는 넓은 예저이며 길이는 15~35㎝ 정도이다. 표면은 녹색이고 털이 약간 있으며, 뒷면은 흰잎고려엉겅퀴 특유의 모시풀같이 흰색과 거미줄같은 털이 있고 가장자리가 밋밋하거나 가시 같은 톱니가 있다.

    윗부분의 잎은 작고 긴 타원상피침형, 피침형 또는 선상피침형이며 끝이 대개 뾰족하고 엽병이 짧으며 가장자리에 바늘 같은 톱니가 있다.

이것이 엉겅퀴다(This is Thistle)

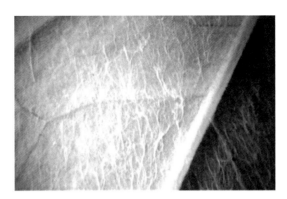

흰잎고려엉겅퀴 잎의 뒷면 모습

흰잎고려엉겅퀴의 화서인 머리 모양 꽃차례는 7~10월경에 피고 길이는 1.7~3.7cm, 폭은 1.3~3.7cm 정도로서 가지 끝과 원줄기 끝에 달린다.

총포는 구상종형이고, 길이는 1.1~2.8cm 정도이고 폭은 0.7~2.5cm 정도로서 거미줄 같은 털이 밀생한다. 총포조각은 7줄로 배열되어 있고 끝이 뾰족하며 뒷면에 점질이 있다. 꽃부리는 자주색이고 길이 1.5~1.9cm 정도이다.

흰잎고려엉겅퀴의 열매는 다 익은 뒤에도 껍질이 터지지 않고 종자를 싼 채로 떨어지는 수과(瘦果)형태로 긴 타원형이며, 길이는 0.35~0.40cm 정도이고 폭은 0.1~0.2cm 정도이다. 씨방의 맨 끝에 붙은 솜털 같은 관모(冠毛)는 우상으로 길이 1.0~1.5cm 정도이며 색깔은 갈색이다.

너. 흰큰엉겅퀴

- 학명 : Cirsium pendulum For. albiflorum

- 과명 : 국화과(Asteraceae) 엉겅퀴속(Cirsium Miller)

- 분포 및 서식지역 : 한국, 일본, 중국 만주, 동시베리아에 분포

흰큰엉겅퀴의 크기인 초장(草丈)은 큰엉겅퀴와 같이 보통 100~200㎝ 정도로 자란다. 원줄기는 곧게 서고, 윗부분에서 가지가 많이 갈라지며 세로로 줄이 있고 거미줄 같은 털이 있다. 숲 가장자리와 강가의 습지 또는 농가 주변의 언덕 등 낮은 구릉지에서 자란다.

뿌리에 달린 잎과 줄기 밑 부분에 달린 잎은 줄기 잎에 비해 크기가 크고 꽃이 필 때 말라 없어진다. 이때의 잎은 길이가 40~50㎝ 정도이고 폭은 20㎝ 정도이며, 깊게 갈라지고 찢어진 조각은 끝이 뾰족하며 양면에 털이 있고 밑 부분이 엽병의 날개로 되며 가장자리가 우상으로 갈라지고 열편에 결각상의 톱니와 가시가 있다.

중앙부의 잎은 피침상 타원형이며 끝이 꼬리처럼 길게 뾰족해지고 길이가 15~25㎝ 정도로서 밑 부분이 원줄기에 직접 달리며 우상으로 갈라지고 가시가 있다.

줄기 윗부분에는 대롱 꽃만으로 된 머리 모양의 흰색 꽃이 7~10월경에 피며 지름이 3~4㎝ 정도로서 원줄기와 가지 끝에 달린다.

흰큰엉겅퀴에 관련된 자료로는 「외부형태형질에 의한 한국산엉경

퀴속의 분류학적 연구(2007)」, 「국내에 자생하는 일부 Cirsium속 식물들의 분자유전학적 유연관계 분석(2015)」 등이 있다.

더. 깃잎고려엉겅퀴

- 학명 : Cirsium setidens var. pinnatifolium Kitamura

- 과명 : 국화과(Asteraceae) 엉겅퀴속(Cirsium Miller)

- 원산지 : 대한민국

- 분포 및 서식지역 : 전국 각지의 산야

- 특징 : 잎의 깃꼴 모양과 총포조각이 고려엉겅퀴보다 좀 더 길쭉하다.

깃잎고려엉겅퀴는 우리나라의 지리산과 덕유산 정상에서 매우 드물게 자라는 여러해살이풀로 크기인 초장(草丈)은 100㎝ 정도에 달하고 가지가 사방으로 퍼진다.

뿌리에 달린 잎과 줄기 밑 부분의 잎은 꽃이 필 때 쓰러지거나 없어진다. 잎의 깃꼴 모양과 총포편이 고려엉겅퀴보다 좀 더 길쭉한 것이 특징이다.

깃잎고려엉겅퀴의 화서인 머리 모양 꽃차례는 7~10월경에 피고 길이는 1.7~3.7㎝, 폭은 1.3~3.7㎝ 정도로서 가지 끝과 원줄기 끝에 달린다.

총포(總苞)는 구상종형이고 길이가 1.1~2.8㎝ 정도이고 폭은 0.7~2.5㎝ 정도로서 거미줄 같은 털이 밀생한다. 총포조각은 7줄로 배열되어 있고 끝이 뾰족하며 뒷면에 점질이 있다. 꽃부리는 자주색이고 길이는 1.5~1.9㎝ 정도이다.

깃잎고려엉겅퀴의 열매는 다 익은 뒤에도 껍질이 터지지 않고 종자를 싼 채로 떨어지는 수과(瘦果)형태로 긴 타원형으로서 길이는 0.35~0.4㎝ 정도이고, 폭은 0.1~0.2㎝ 정도이다. 씨방의 맨 끝에 붙은 솜털 같은 관모(冠毛)는 우상으로 길이는 1~1.5㎝ 정도이며, 색깔은 갈색이다.

깃잎고려엉겅퀴와 관련된 자료로는 「고려엉겅퀴, 정영엉겅퀴 및 동래엉겅퀴의 분류학적 실체 검토(2005)」가 있다. 이 자료에 따르면, 고려엉겅퀴의 꽃이 흰색인 것을 흰고려엉겅퀴, 잎 뒷면이 흰 것은 흰잎고려엉겅퀴, 잎이 깃꼴 모양인 것을 깃잎고려엉겅퀴라 하였다고 한다.

2.
지느러미엉겅퀴속에 속한
3종의 생김새 및 특징

　지느러미엉겅퀴속(Carduus)의 지느러미엉겅퀴(飛廉)는 전 세계적으로 100여 분류군이 분포하고 있다. 우리나라에는 3종이 귀화하여 분포하고 있다. 지느러미엉겅퀴는 뿌리를 제외한 지상부 전체가 가시로 둘러싸여 있다. 심지어 줄기까지도 작은 잎이 세로로 4개의 줄로 달리는 능선이 마치 물고기의 등지느러미처럼 붙어 있으며, 그 가장자리에는 잔가시가 촘촘히 솟아 있다. 그래서 '지느러미'엉겅퀴란 이름을 얻었나 하는 생각이 든다. 현재 우리들의 주변에 지천으로 널려 있는 것이 이 엉겅퀴이다. 때문에 엉겅퀴를 이야기하면 이 외래종인 지느러미엉겅퀴를 떠올릴 정도이다. 우리나라에서 서식하고 있는 지느러미엉겅퀴, 흰지느러미엉겅퀴, 사향엉겅퀴 순으로 서술하여 보았다.

가. 지느러미엉겅퀴

- 학명 : Carduus crispus L.

- 과명 : 국화과(Asteraceae) 지느러미엉겅퀴속(Carduus)

- 원산지 : 아프리카 북부와 유럽의 지중해 지역

- 분포 및 서식지역 : 전 세계에 분포(인가와 가까운 산이나 들)

- 특징 : 줄기에 지느러미 같은 능선이 있다.

　지느러미엉겅퀴는 뿌리를 제외한 지상부 전체가 가시로 둘러싸여 있다. 심지어 줄기까지도 작은 잎이 세로로 4개의 줄로 달리는 능선이 마치 물고기의 등지느러미처럼 붙어 있으며, 그 가장자리에는 잔 가시가 촘촘히 솟아 있다.

　전국의 들에 자라는 두해살이풀로 크기인 초장(草丈)은 80~100㎝ 정도가 보통이나 큰 것은 200㎝를 넘어 300㎝ 가까이 크는 경우도 있다.

2년생 지느러미엉겅퀴 모습 : 4월 중순경　　1년생 지느러미엉겅퀴 모습 : 발아 7일경

1년생 지느러미엉겅퀴 모습 : 발아 13일경　　　　1년생 지느러미엉겅퀴 모습 : 발아 20일경

1년생 지느러미엉겅퀴 모습 : 발아 30일경

　대궁인 줄기는 포기에서 1개의 중심 줄기가 솟아나오고, 그 중심 줄기에 큰 잎이 나오고 잎과 줄기 사이에서 가지가 보통은 5~10개에서 많게는 40여 개까지 나와 자라고, 다시 가지에 작은 잎이 돋고 그곳에서 곁가지가 뻗어 나온다.

1년생 지느러미엉겅퀴 모습 : 대궁이 올라오고 있다

그리고 줄기의 단면은 백색이고 수부는 옥수수속대처럼 성글거나 속이 비어 있다.

줄기에는 강압(降壓)alkaloid, acanthoidine과 acanthonie성분을 함유하고 있다고 알려져 있다.

지느러미엉겅퀴 대궁인 줄기의 모습

잎은 어긋나는데, 잎의 길이는 보통 10~25㎝ 정도이며 잎 가장자리가 더 깊게 굴곡져 갈라지고 끝에 뾰족한 가시들이 있어 매우 억세게 보인다.

이것이 엉겅퀴다(This is Thistle)

지느러미엉겅퀴 대궁인 줄기 속의 모습

지느러미엉겅퀴 잎 앞면 모습

지느러미엉겅퀴 잎 뒷면 모습

지느러미엉겅퀴 잎 아랫면(뒷면)의 확대 모습

지느러미엉겅퀴 꽃봉오리 모습

잎 전체에 흰 털과 더불어 거미줄 같은 털이 있다. 뿌리 달린 잎과 줄기 밑 부분의 잎은 꽃 필 때까지 남아 있거나 사라지며 줄기 잎보다 크다.

대궁인 중앙 줄기에 난 잎은 피침상 타원형으로 깃처럼 갈라지고 밑은 원대를 감싸며, 갈라진 가장자리가 다시 갈라지고 결각상의 톱니와 더불어 가시가 나와 있어 접근을 막고 있다.

지느러미엉겅퀴 꽃술의 모습

지느러미엉겅퀴의 화서인 머리 모양 꽃차례는 5~8월경에 피고 길이는 2.5~3.5㎝, 폭은 1.5~3.0㎝ 정도로서 가지와 줄기 끝에 1~2개 많게는 3~4개씩도 달린다.

꽃차례에는 설상화는 없고 모두 통상화만 있다. 꽃의 색깔은 보라색과 자주색에서 적색으로 피고 지기를 반복하며 개화 및 결실을 한다. 꽃봉오리가 맺히기 시작하여 4~5일 정도 경과하면 만개하

이것이 엉겅퀴다(This is Thistle)

고 다시 6~7일 정도 지나면 완전결실이 된다.

총포엽은 통 모양 또는 종 모양이다. 총포엽편은 여러 가지 모양이 있으며 총포엽과 총포엽편의 모양은 많은 종을 구별할 때 특징이 된다. 총포는 폭이 1~2㎝ 정도이고, 씨방을 감싸고 있는 표피가 씨방 보호를 위하여 가시처럼 돋아 있으며 그 돌기는 대략 90여 개에서 많게는 140여 개 정도로 돌출되어 씨방을 보호하고 있다. 그리고 총포조각은 흑자색을 띠고 7~8줄로 배열된다.

지느러미엉겅퀴의 열매는 다 익은 뒤에도 껍질이 터지지 않고 종자를 싼 채로 떨어지는 수과(瘦果)형태로 갈고리 모양의 긴 타원형으로서 색깔은 엷은 황토색이며, 크기는 길이가 0.33~0.42㎝ 정도이고 폭은 0.15~0.19㎝ 정도이며, 중량은 개당 0.004g 정도이다. 씨방의 맨 끝에 붙은 솜털 같은 관모(冠毛)는 길이가 1.6~1.9㎝ 정도이다.

보통 꽃이 피고 일주일 후면 결실이 되는데, 결실 후 낙하산처럼 생긴 갓털을 달고 비상하여 민들레홀씨처럼 사방으로 흩어진다.

지느러미엉겅퀴 씨앗의 비상 모습   지느러미엉겅퀴 씨앗의 모습

필자가 관찰한 지느러미엉겅퀴의 결실 과정을 좀 더 자세히 서술하여 보면, 보통 꽃이 개화된 지 4~5일째부터 익기 시작한다. 이때 익은 열매는 꽃봉오리의 색이 초록색 → 연록색 → 노란색으로 변하고 꽃술이 가운데에서 위로 밀어 올라간다. 꽃술이 올라오고 2~3시간 후면 비상하여 흩날린다. 대개 맑은 날의 경우 오전 8시부터 오후 4시 사이에 잘 여물고 특히 정오경에 절정을 이룬다. 또한 날씨가 잔뜩 흐리거나 비가 내리기 전날엔 특히 많이 익는다. 아침에 해 뜨기 전에는 웅크리고 있다가 햇볕을 받아 기온이 오르면 비상하기 시작한다. 해가 지고 나면 다시 웅크리고 있다가 다음날을 기약한다. 익은 열매에서 씨가 다 날아가고 나면 얼마 후 꼭지도 떨어져버린다.

결실기 지느러미엉겅퀴의 모습

이것이 엉겅퀴다(This is Thistle)

이때 꼭지에 붙어 있던 가시는 활처럼 휘어져버린다. 일기 등으로 인하여 미처 씨를 방출 못한 것은 갈색으로 탈색되어 붙어 있다가 그냥 떨어져버리기도 한다. 씨를 방출하기 위해 쪼개지는 틈을 갖지 않는 1개의 씨로만 이루어져 있는 익은 열매는 수과로 관모가 달려 있다. 종자들이 모체로부터 멀리 분리되는 이유는 바로 다른 식물의 생장을 억제하는 화학성분인 타감물질을 분비하는 까닭이다.

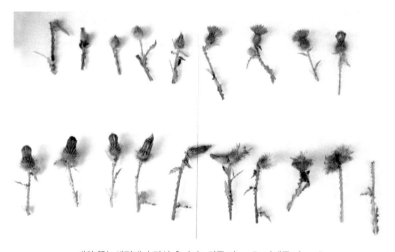

개화 꽃눈생김에서 결실 후까지 : 윗줄 좌 → 우, 아랫줄 좌 → 우

씨앗에 붙은 관모가 발달하는 이유는 지느러미엉겅퀴도 비교적 양분을 많이 필요로 하는 식물이라서 어린 종자가 곁에 붙어서 뿌리를 내리면 종모 자신은 물론 모체까지 생장에 어려움을 초래하기 때문에, 모체는 주변에 있는 비슷한 종자들이 발아하지 못하도록

할 수밖에 없는데, 이를 방지하기 위한 수단으로 보여진다. 대개의 식물종자들은 발아에 필요한 자신 스스로의 생식능력을 가지고 있어서 발아조건이 충족되면 바로 발아를 하게 된다. 결실기가 끝난 지느러미엉겅퀴는 고사하고, 늦여름이나 가을철에 발아한 새싹은 죽지 않고 겨울을 난다.

지느러미엉겅퀴의 뿌리는 통근으로 원뿌리가 깊게 뻗고 그 원뿌리껍질과 껍질 주위로 잔뿌리가 생겨 나온다.

1년생 지느러미엉겅퀴 뿌리의 모습   2년생 지느러미엉겅퀴 뿌리의 모습

지느러미엉겅퀴의 맛은 미고(味苦)이다. 즉 쓴맛이 난다.

지느러미엉겅퀴의 꽃말은 '고독한 사랑'이다.

지느러미엉겅퀴를 원료로 하여 특허출원한 「당뇨병치료제 조성물(2005)」에 의하면, 지느러미엉겅퀴가 기존의 경구용 혈당강하제로 널리 쓰이는 약들과 비교할 때 혈당강하작용이 우수하고 안전성이 높아 기존 약물들보다 부작용이 적어 새로운 당뇨병치료제로 매우 유익하다고 한다. 지느러미엉겅퀴 관련 자료로는 「ERK 및 p38 MAPK 경로를 통해 지느러미엉겅퀴 메탄올 추출물의 지방세포분화 억제 (2011)」, 「지느러미엉겅퀴의 抗糖尿活性 및 成分研究(2002)」, 「선정된 한국산엉겅퀴의 상대적항산화작용과 HPLC 프로필(2008)」, 「자생 엉겅퀴의 부위별 기능성성분 항산화 효과(2009)」, 「Mycobacteria에 대해 항균력을 나타내는 엉겅퀴의 분류를 위한 ITS1, 5.8S rRNA, ITS2의 염기서열 분석(2010)」 등이 있다.

나. 흰지느러미엉겅퀴

- 학명 : Carduus crispus For. albus(makino) Hara
- 과명 : 국화과(Asteraceae) 지느러미엉겅퀴속(Carduus)
- 원산지 : 유럽
- 분포 및 서식지역 : 한국을 비롯하여 세계 각지의 들이나 길가
- 특징 : 꽃이 흰색인 것

흰지느러미엉겅퀴는 두해살이풀로 외래종이며, 줄기와 가지에 잔 가시가 돋친 지느러미와 같은 날개가 붙어 있다. 줄기는 곧게 서고 가지를 많이 치면서 크기인 초장(草丈)은 70~100㎝ 정도로 자란다.

중앙부 줄기에 달린 잎은 마디마다 서로 어긋나게 자리하며 피침 모양으로 가장자리 톱니 끝은 가시처럼 뾰족하다. 잎 가장자리에는 많은 가시가 돋쳐 있으며 물결처럼 생긴 결각이 중간 정도의 깊이로 패여 있다.

흰지느러미엉겅퀴의 화서인 머리 모양 꽃차례 꽃은 6~9월경에 줄기 끝에서 모여 나오며 폭이 약 2.5㎝ 정도이고, 수술과 암술로만 이루어져 있으며 꽃잎은 없고 흰색이다. 지느러미엉겅퀴와 같으나 꽃이 흰색인 점이 다르다.

흰지느러미엉겅퀴의 열매는 긴 타원형 모양으로 다 익은 뒤에도 껍질이 터지지 않고 종자를 싼 채로 떨어지는 수과(瘦果)형태를 맺는다.

유럽이 원산지로 한국을 비롯하여 북아메리카, 남아메리카, 유럽 등지에 분포하며, 주로 들이나 길가에서 자란다.

다. 사향엉겅퀴

- 학명 : Carduus nutans L.

- 과명 : 국화과(Asteraceae) 지느러미엉겅퀴속(Carduus)

- 이명 : 큰지느러미엉겅퀴

- 원산지 : 유럽

- 분포 및 서식지역 : 경기도, 충청남도

- 특징 : 두화의 폭이 크다.

　사향엉겅퀴는 유럽이 원산지로 귀화식물이며 두해살이 초본이다.
봉오리 바로 아래의 줄기에는 지느러미 같은 날개가 없지만, 큰지느
러미엉겅퀴라고도 불린다.

　줄기는 곧게 서고 크기인 초장(草丈)은 30~200㎝ 정도로 크게 자
라며 가지를 친다.

　줄기에는 지름 0.5~1.0㎝ 정도로 가장자리에 날카로운 톱니가 발
달한 날개가 있는데, 기부부터 있으나 꽃차례 가까이에는 흔적만
있다.

　중앙부 줄기에 달린 잎은 어긋나며 길이는 보통 4~12㎝ 정도이나
큰 것은 길이가 25㎝, 폭은 10㎝에 이른다. 긴 타원형에서 피침형이
며, 우상으로 불규칙하게 갈라지고 그 가장자리 끝이 예리한 가시
처럼 뾰족하게 발달해 있다. 밑 부분은 잎자루 없이 줄기로 이어져
약간 감싸고 거의 털이 없다.

　사향엉겅퀴의 화서인 머리 모양 꽃차례는 7~8월경에 가지 끝에
하나씩 달리는데 줄기대의 고개가 아래로 처지며 간혹 액생(腋生)하
기도 하고 구형이며 폭이 3~4㎝ 정도이다. 통상화인 꽃은 자주색이
며 길이가 1.5~2.5㎝ 정도이다.

　총포조각은 길이가 1.0~2.0㎝ 정도이고 폭은 0.2~0.5㎝ 정도로

피침형이며, 끝이 매우 뾰족하고 여러 층으로 달려 두상화서를 완전히 감싼다. 지느러미엉겅퀴와 구별되는 특징으로 두화의 폭이 3.0~6.0㎝ 정도로 보다 크고 대개 1개씩 달리며 고개가 아래로 처지고, 총포조각은 창끝 모양으로 기부 바로 위가 좁아지는 것이 구별된다.

사향엉겅퀴의 열매는 긴 타원형 모양으로 다 익은 뒤에도 껍질이 터지지 않고 종자를 싼 채로 떨어지는 수과(瘦果)형태이며, 종자는 길이가 0.3~0.5㎝ 정도이다. 씨방의 맨 끝에 붙은 솜털 같은 관모는 은갈색이며 길이는 1.2~2.2㎝ 정도이다.

사향엉겅퀴는 관상용으로 많이 이용하며 어린 연한 잎은 삶아 나물로 무쳐먹거나 튀김으로 먹고 또 국을 끓여 먹기도 한다. 연한 줄기는 장에 찍어 먹거나 장아찌로 먹는다.

사향엉겅퀴의 자료로는 「한국 미기록 귀화식물 : 사향엉겅퀴와 큰키다닥냉이, 2008, 이유미 외 3」가 있으며 이에 따르면, 식물체에서 독특한 냄새가 나므로 사향엉겅퀴로 국명 신청하였으며, 2003년에 서울 난지도와 2005년에 경기도 양평군에서 발견되었다고 하였다.

3.
흰무늬엉겅퀴속에 속한
종의 생김새 및 특징

　일명 밀크시슬로 널리 알려진 흰무늬엉겅퀴는 흰무늬엉겅퀴속에 속한 유일한 1종이다. 흰무늬엉겅퀴는 남부유럽 및 북아프리카가 원산지로 알려져 있다. 흰무늬엉겅퀴의 학명은 Silybum marianum Gaertn으로, 속명인 Silybum은 그리스어 Silybon(장식용술)에서 유래한 것인데 꽃의 생김새에서 따온 것으로 짐작되며, 잎에 있는 흰색의 대리석 모양은 성모마리아가 떨어뜨린 젖에 의해서 생겨난 것이라고 전래되고 있으며, 종명인 마리아눔(marianum)도 이러한 전설과 관련이 있다.

　옛날부터 젖을 먹이는 어머니들의 젖이 잘 나오도록 하기 위해서 엉겅퀴 차를 마시게 하였고, 영어 이름인 밀크시슬(milk thistle)도 이와 같은 사용법에서 유래되었을 것이라고 한다.

가. 흰무늬엉겅퀴

- 학명 : Silybum marianum Gaertn

- 과명 : 국화과(Asteraceae) 흰무늬엉겅퀴속(Silybum)

- 이명 : 마리아엉겅퀴, 얼룩엉겅퀴, 밀크시슬

- 원산지 : 남유럽, 북아프리카

- 특징 : 잎에 흰 무늬가 선명하고, 봉오리에 크고 강한 가시가 있다.

흰무늬엉겅퀴의 크기인 초장(草丈)은 100~150cm 정도에 이르고 1년생 혹은 2년생이라고는 하나, 우리나라 기후에서는 매년 종자를 심어야만 지속적으로 유지할 수 있다. 간혹 여름에 결실된 씨가 떨어져 발아된 것은 월동을 하기도 한다.

흰무늬엉겅퀴의 잎은 타원형으로, 잎의 가시는 무서우리만큼 예리하고 길며 이저이고 잎맥에 연한 은회색 점이 있다. 잎의 색은 우리나라의 고유종엉겅퀴가 짙은 녹색을 띠고 있는데 반해 밝고 약간 옥색이 나는 녹색이다.

우리나라 고유종엉겅퀴가 뿌리와 줄기 사이에서 촉이 돋아나서 번식을 하는 데 반해, 흰무늬엉겅퀴는 씨로만 번식이 가능하다. 다만 성장시기에는 엉겅퀴와 같은 본줄기의 잎 부분에서 새로운 가지줄기가 돋아나와 성장한다. 중앙의 줄기는 매끄러우며 흰 가루 같은 것이 붙어 있다.

흰무늬엉겅퀴의 화서인 머리 모양 꽃차례는 6~9월경에 가지 끝에 하나씩 달리는데, 길이는 약 4~5㎝ 정도로 크며 줄기의 끝에서 1송이씩 핀다. 꽃의 색은 자홍색이고 둥근 모형이다. 총포조각에 크고 긴 가시가 있다.

흰무늬엉겅퀴의 모습

흰무늬엉겅퀴의 열매는 긴 타원형 모양으로 다 익은 뒤에도 껍질이 터지지 않고 종자를 싼 채로 떨어지는 수과(瘦果)형태이며, 종자는 길이가 0.5~0.7㎝ 정도이다.

씨방의 맨 끝에 붙은 솜털 같은 관모는 은갈색이며, 길이는 1.2~2.2㎝ 정도이다.

종자를 채취하는 방법은 끈적임이 있는 엉겅퀴(大薊)와 달리 결실된 송이를 가위 등으로 잘라서 완전건조 후 타작을 하면 된다.

흰무늬엉겅퀴 : 발아 5일경의 모습

흰무늬엉겅퀴 : 발아 10일경의 모습   흰무늬엉겅퀴 : 발아 15일경의 모습   흰무늬엉겅퀴 : 발아 25일경의 모습

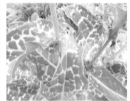

흰무늬엉겅퀴 : 발아 40일경의 모습   흰무늬엉겅퀴 : 발아 50일경의 꽃봉오리 생성 중인 모습   흰무늬엉겅퀴의 대궁 모습

흰무늬엉겅퀴 잎을 확대한 모습   흰무늬엉겅퀴의 만개한 모습   흰무늬엉겅퀴 씨방의 겉모습

흰무늬엉겅퀴 씨방 속의 모습   흰무늬엉겅퀴 꽃술의 모습   흰무늬엉겅퀴의 결실 전경

흰무늬엉겅퀴의 결실된 송이 모습

흰무늬엉겅퀴의 결실된 송이에서
채취한 씨앗 모습

흰무늬엉겅퀴에 많이 기생하는 충으로는 검은색의 진딧물과 3종류의 노린재가 있다. 3종류 노린재의 생김새를 약술하여 보았다.

첫째로 등과 머리 부분이 완전히 초록색이고 등과 머리 사이에는 엷은 노란색인 것이 있다.

둘째는 등의 좌우 및 머리 부분은 밤색이고 꽁무니는 짙은 갈색이며 등 중앙부는 약간 어두운 노란색인 것이 있다.

셋째는 머리를 포함하여 등 중앙 부위까지 검은 바탕에 갈색점이 있고 등 중앙 부위에서 꽁무니 쪽은 회색 바탕에 검은 점이 있는 것이 있다. 크기는 첫째가 제일 크고 둘째, 셋째 순이다.

흰무늬엉겅퀴의 봉오리에
몰려드는 노린재들 모습

원인 모를 병에 걸려 고사
중인 흰무늬엉겅퀴의 모습

흰무늬엉겅퀴의
고사된 뿌리 모습

우리나라에서는 이 흰무늬엉겅퀴가 가지고 있는 날카로운 가시가 인체에 해를 입힐 수 있다고 하여 유해 잡초로 분류하고 있고, 국내에서 재배가 금지되어 있을 뿐만 아니라 종자나 식물체로의 수입이 불가능하게 되어 있다.

하지만 이 식물은 세계적으로 유명한 허브식물 중의 하나이며 개화기나 결실기에는 실제로 보기만 해도 무서운 가시를 가지고 있으나 어릴 때는 샐러드로 먹을 수 있을 만큼 부드럽다.

국내에서도 20여 년 전에 소규모의 재배가 있었다고 하는데 지금은 전혀 찾아볼 수가 없다.

결실이 끝난 흰무늬엉겅퀴의 모습   흰무늬엉겅퀴의 관모인 갓털 모습

흰무늬엉겅퀴는 종자가 크고 무거워 같은 과에 속하는 민들레처럼 종자를 멀리까지 날려보내지 못해서 보통 식재한 식물개체의 주변에 새롭게 발생을 시키는데 그나마도 우리나라 겨울을 이기지 못해 그러는지 발견되는 개체가 그리 많지 않다.

흰무늬엉겅퀴는 최근 표준식물명으로 추천되어 기록되고 있다.

흰무늬엉겅퀴의 꽃말은 '독립, 엄격, 내핍, 닿지 마세요'이다.

흰무늬엉겅퀴와 관련된 자료로는 「엉겅퀴(Silybum marianum)로부터 분리 정제한 silymarin 및 silybin의 지질의 과산화에 대한 항산화 효과(1997)」, 「우유엉겅퀴의 항산화 특성에 대한 식물 화학적 분석(2006)」 등이 있다.

4.
엉겅퀴 유사종들의 생김새 및 특징

우리나라에 서식하는 엉겅퀴 유사종으로는 12종이 있으며, 필자는 이를 조뱅이속, 방가지똥속, 지칭개속, 뻐꾹채속, 산비장이속 순으로 분류하여 생김새 및 특징을 서술하였다.

가. 조뱅이속 3종의 생김새 및 특징

조뱅이는 국화과에 속하는 브레아속(Breea)이며, 속명은 켈트어(Gaelic)로 '고귀(Exalt)하다'는 의미로 유래하며 희귀한 속이다. 예전에는 엉겅퀴속(Cirsium spp.)에 포함되어 있기도 했었다. 조뱅이는 주로 한여름에 꽃이 피며, 암수딴그루다. 수꽃에 비해 암꽃은 꽃부리이나, 화통(花筒)의 크기와 풍성함이 더하고 아주 고귀하다. 종소명

세게타(segeta)는 밭 경작이 가능한 땅을 의미한다. 조뱅이는 습한 땅보다는 건조한 땅을 더욱 좋아하고, 뽀송뽀송한 전형적인 밭 토양에서 가장 잘 산다.

물이 아무리 많아도 이용하기에 불리한 토양환경이나, 작열하는 태양광선에 노출된 맨땅처럼 수분 스트레스가 쉽게 발생할 수 있는 곳에서도 살아남는 강인한 식물이다. 옆으로 뻗는 뿌리에서 줄기가 돋아나 조그마한 무리를 만들며 살고, 흔히 두해살이로 알려져 있지만, 적어도 2년 이상은 살 수 있는 여러해살이풀이다. 조뱅이를 부르는 이름으로 '조방가새', '자라귀', '자리귀', '조바리' 등 수많은 방언이 있다. 그만큼 예전에 우리나라 사람들에게 널리 주목받았던 자원식물이었다는 사실을 말해준다.

조뱅이를 약으로 이용하기 전에 식물체 전체를 삶아서 나물로 먹었다는 습속이 있었다. 조뱅이는 한반도를 중심으로 분포하는 종이고, 대륙 동단에서 그것도 사람이 사는 곳 근처에서만 자생한다. 특히 소백산맥 뒤편 내륙분지 영남 지역에서 더욱 많이 볼 수 있다. 울릉도나 제주도처럼 해양성기후 지역에서는 그리 흔치 않다. 그래서 조뱅이를 가장 대륙적이고, 한반도적인 들풀이라 일컫기도 한다.

우리나라에 서식하는 조뱅이속을 조뱅이, 큰조뱅이, 흰조뱅이 순으로 서술하여 보았다.

1) 조뱅이

- 학명 : Breea Segeta(Willd.) Kitamura. F. Segeta

    [Cephalonoplos segetum (Bunge) Kitamura]

- 과명 : 국화과(Asteraceae) 조뱅이속(Breea)

- 이명 : 자라귀, 조바리, 조병이, 조방거색, 조방가시

- 원산지 : 대한민국

- 분포 및 서식지역 : 우리나라, 중국, 일본 등의 밭둑이나 빈터, 길가

　조뱅이는 우리나라 고유의 특산종으로 여러해살이풀이며, 밭둑이나 빈터 및 길가의 건조지에서 서식하고 있다. 크기인 초장(草丈)은 20~50㎝ 정도이다. 줄기는 1포기에서 1개만 나오고 곧게 자란다. 줄기에 줄이 있고 자줏빛을 띠며 윗부분에서 2~3개 많게는 5~6개 정도의 곁가지가 돋아나며 거미줄 같은 털이 있거나 없다. 줄기수부는 비어 있다.

조뱅이의 모습

어린 조뱅이 : 4월 하순경 모습

뿌리는 아래로 쭉 뻗는 직근이고 주변에 잔 실근이 아래를 향해 나며 길이는 10~15㎝ 정도이다.

조뱅이 뿌리 및 줄기의 모습　　조뱅이 줄기 및 줄기 속의 모습 : 속이 비어 있다

　뿌리에서 나온 잎은 꽃이 필 때 없어지며, 중앙부 줄기에 달린 잎은 긴 타원상피침형이고 끝이 둔하며 밑 부분이 좁고 길이가 7~10㎝ 정도로서 가장자리에 작은 가시가 있다. 윗부분의 잎은 어긋나게 달리며 엽병이 없고 밑 부분이 둥글고 거미줄 같은 백색 털이 약간 있으며 가장자리가 밋밋하거나 끝에 가시가 달린 치아상의 톱니가 있고 작은 자모가 있어 딱딱한 느낌이 들며 위로 올라갈수록 점차 작아진다.

조뱅이 잎의 모습

꽃은 자웅이주(암수 딴포기)로 5~8월경에 원줄기와 가지 끝에 폭 3㎝ 가량의 머리 모양의 자주색 통상화가 달린다. 총포(總苞)는 종 모양이며, 지름이 약 2.5㎝ 정도이다. 수꽃의 경우는 길이가 1.8~2.0 ㎝ 정도이고 폭은 2.5㎝ 정도이며, 암꽃은 길이가 2.0~2.5㎝ 정도이고 폭은 2.5㎝ 정도로서 흰색의 털로 덮여 있다. 포조각은 8줄로 배열되며 외편이 가장 짧고, 중편은 피침형으로서 가시처럼 뾰족하며 끝부분이 흑색이다. 화관은 자주색으로서 수꽃의 경우는 길이가 1.7~2.0㎝ 정도이고 암꽃은 길이가 약 2.6㎝ 정도이다.

조뱅이 꽃의 모습

　조뱅이의 열매는 타원형 또는 계란 모양으로 다 익은 뒤에도 껍질이 터지지 않고 종자를 싼 채로 떨어지는 수과(瘦果)형태로 길이가 0.3㎝ 정도이며, 8~10월경에 익는다.

　씨방의 맨 끝에 붙은 솜털 같은 약 2.8㎝ 쯤의 관모가 있다. 결실된 조뱅이 씨의 날림은 익은 봉오리에서 몽실몽실 뭉쳐서 부풀어 있다가 1개씩 바람에 날아간다.

결실된 조뱅이 씨의 비상 모습

결실이 끝난 조뱅이의 모습

조뱅이의 생약명은 소계, 자계, 자계채, 자각채라고 하며 뿌리를 포함하여 전초를 약용한다. 어린 식물체를 나물로 하며 옷감의 염료용으로도 사용한다.

조뱅이의 성질은 서늘하고 독이 없다.

조뱅이의 꽃말은 '나를 두고 가지 마세요'이다.

조뱅이의 성분을 보면 알칼로이드와 사포닌 등을 함유하고 있는데, 전초에는 아피게닌, 루테올린, 아카세틴-7-글루쿠로니드, 아피게닌-7-글루쿠로니드, 코스모신, 리나린 등이 들어 있다. 또한 쓴맛 배당체인 크나신, 정유, 수지, 이눌린과 휘발성의 시아노겐알칼로이드가 들어 있다. 꽃에는 3-O-메틸켐페롤, 0.18㎎의 아피게닌과 리나린이 들어 있고, 잎에는 6~15㎎의 아스코르빈산, 3.9㎎의 칼로틴, 아스파라긴산, 글루탐산, 타닌질 등이 들어 있다고 알려져 있다.

조뱅이와 관련한 자료로는 「한국산 소계, 대계의 생약학적 연구(1964)」, 「조뱅이의 Flavone glycoside에 관한 연구(1983)」, 「유용 자원 식물의 진균성 신병해(1995)」 등이 있다.

2) 큰조뱅이

- 학명 : Breea setosa(Willd.) Kitamura

- 과명 : 국화과(Asteraceae) 조뱅이속(Breea)

이것이 엉겅퀴다(This is Thistle)

- 이명 : 엉겅퀴아재비

- 분포 및 서식지역 : 한국, 일본, 중국, 시베리아 등 분포(길가나 빈터)

- 특징 : 조뱅이보다 키가 크다.

    큰조뱅이는 여러해살이풀로 길가나 빈터에 많이 자라며, 뿌리는 옆으로 뻗어 새싹을 내고, 중심 줄기는 곧추서며 상부에서 가지가 갈라지고 능선과 솜털이 있다.

    크기인 초장(草丈)은 50~180㎝ 정도이다.

    뿌리에서 나온 잎은 꽃이 필 때에 말라 떨어진다. 중앙부 줄기에 달린 잎은 어긋나기하며 장타원상 피침형으로 길이는 10~20㎝ 정도이다. 끝은 둔하며 밑은 좁아지고 가장자리에 결각상의 톱니가 있으며 작은 가시가 줄지어 나고 뒷면에 백색 솜털이 밀생한다.

    꽃은 자웅이주(암수딴그루)로 8~10월경에 줄기 윗부분이 여러 개로 갈라져 작은 가지가 생기는데, 가지와 줄기 끝에서 위를 향해 홍자색으로 수꽃은 지름이 1.5~2㎝ 정도이고 암꽃은 2㎝ 정도의 두화가 핀다.

    총포는 수꽃의 경우는 길이가 1.3㎝ 정도이고 암꽃은 길이가 1.6~2.0㎝ 정도이다. 총포조각은 8열로 배열하며 외편은 짧고 중편은 피침형이다. 화관은 수꽃이 길이가 1.5~2㎝ 정도이고 암꽃은 길이가 2~2.5㎝ 정도이다.

    큰조뱅이의 열매는 다 익은 뒤에도 껍질이 터지지 않고 종자를 싼

채로 떨어지는 수과(瘦果)형태로 4개의 능선이 있다. 씨방의 맨 끝에
붙은 솜털 같은 관모(冠毛)는 꽃부리보다 짧다. 큰조뱅이는 조뱅이에
비해 키가 크고 잎이 우상으로 결각상의 톱니가 있다.

큰조뱅이의 꽃말도 조뱅이처럼 '나를 두고 가지 마세요'이다.

우리나라 함경남도(혜산진)에 나며 일본, 만주, 중국, 코카서스, 러
시아의 시베리아 등 한대지방에 널리 분포한다.

3) 흰조뱅이

- 학명 : Breea Segeta F. lactiflora(Nakai) W. T. Lee
- 과명 : 국화과(Asteraceae) 조뱅이속(Breea)

조뱅이와 생태는 같고 다만 백색 꽃이 피는 것을 흰조뱅이라고 한다.

흰조뱅이의 꽃말도 조뱅이처럼 '나를 두고 가지 마세요'이다.

나. 방가지똥속 3종의 생김새 및 특징

우리나라 농촌 지역에서는 예전에 비해 방가지똥이 드물어지고, 큰방가지똥이 흔하게 관찰된다. 그만큼 농촌이 도시처럼 온난, 건조, 척박한 환경조건으로 변해가면서 큰방가지똥에게 방가지똥이 쫓겨나고 있음을 의미한다. 큰방가지똥은 19세기 이후 도시산업화가 진행되면서 개체군이 크게 늘어나 우리 시야에 들어오게 되었다고 한다. 방가지똥에다 '큰'자를 더해서 이름도 그렇게 늦게 만들어졌다. 속명 손쿠스(Sonchus)는 엉겅퀴 종류를 포함해서 그리스인들이 통칭했던 식물명에서 유래하였다. 큰방가지똥의 종소명 아스퍼(asper)는 '거칠다'는 뜻이며, 방가지똥의 종소명 올레라세우스(oleraceus)는 '식용이 가능한 채소'라는 의미이다. 두 종 모두 가축들에게 맛있는 먹이식물로, 특히 큰방가지똥의 경우는 잎이 억세고 가시가 있지만 가축들이 매우 좋아하는 풀이다. 일부에서는 방가지똥을 가장 나쁜 잡초로 분류하기도 한다. 그 근거는 알 수 없지만, 2천여 년 전 철기시대 유적지 발굴터 토양에서 채취한 방가지똥의 종자가 발아된 일도 있다. 한해살이 들풀이 가지는 종자의 경이로운 휴면과 깨어남이다. 일본에서는 방가지똥을 고(古)귀화식물로, 큰방가지똥은 신(新)귀화식물로 분류한다. 중국에서는 그냥 귀화식물로 구분하고 있다. 우리의 경우는 비록 큰방가지똥이 늦게 알려졌더라도 두 종 모두 고(古)귀화식물이다. 특히 방가지똥은 밭농사로부터 시작되는 정착농경시대 이전에 이미 들어와 있었던, 역사시대 이전의 아주 오래된 사전귀화식물일 개연성이 매우 높다. 일본열도와 다르게 한반도는 대륙과 연속적으로 이어진 땅으로 우리의 밭농사 역사는 매우 오래되었다. 뿐만 아니라 두 종 모두 밭 경작지 잡초종으로 밭 언저리가 분포의 중심지이다. 그래서 두 종 모두 귀화해올 수 있는 기회가 비슷하다. 두 종 모두 1890년대 이전에 한반도에 들어와 살았다는 뜻이다.

우리나라에 서식하는 방가지똥속을 방가지똥, 사데풀, 큰방가지똥 순으로 서술하여 보았다.

1) 방가지똥

- 학명 : Sonchus oleraceus L.

- 과명 : 국화과(Asteraceae) 방가지똥속(Sonchus)

- 원산지 : 유럽

- 분포 및 서식지역 : 한국, 중국, 일본, 유럽의 길가의 공터

- 특징 : 전체에 유백색의 유즙

　방가지똥은 1년 또는 2년생 초본이고 크기인 초장(草丈)은 원주형의 원줄기로 30~100㎝ 정도로 곧게 자라며 줄기 속이 비어 있다. 가을에 싹이 터서 겨울을 난 다음 줄기가 자라나 꽃이 핀 뒤 말라 죽어버린다. 전체적인 생김새는 엉겅퀴와 흡사하나 가시가 없으며 연하고 부드럽다. 줄기에 세로로 능선이 있으며 어릴 때는 흰색의 가루로 덮여 있다. 줄기에 어긋나는 잎은 우상으로 깊게 갈라지기도 하고 갈라지지 않기도 하는 등 변이가 심한 편이며, 가장자리에는 불규칙한 톱니가 있고 그 끝이 바늘처럼 뾰족한 가시로 된다.

방가지똥의 모습

어릴 때 잎의 한가운데 붉은 기운이 있으며, 잎자루에 날개가 있고 잎이나 줄기를 자르면 유백색의 유즙이 나온다. 뿌리에서 나온 잎은 꽃이 필 때 없어지거나 남아 있고 중앙부 줄기에 달린 잎보다 작다. 중앙부 줄기에 달린 잎은 긴 타원형 또는 넓은 거꿀 피침 모양이며 길이가 15~25㎝ 정도이고 폭은 5~8㎝ 정도이다.

어린 방가지똥의 모습

이것이 엉겅퀴다(This is Thistle)

뿌리는 통근으로 방추형이며 큰뿌리 둘레에 실뿌리가 난다.

방가지똥의 줄기 및 뿌리 모습

꽃은 5~9월 중에 설상화로만 된 노란색의 꽃이 줄기 끝에 피는데, 지름 2㎝ 정도이며 꽃대 끝에 다시 부챗살 모양으로 갈라져 피는 꽃차례로 늘어선다.

총포(總苞)는 성기게 선모가 나고 길이가 1.0~1.5㎝ 정도이고 폭은 1.2~1.8㎝ 정도로서 꽃이 핀 다음 밑 부분이 커진다. 총포조각은 피침형으로 3~4줄로 늘어서고 능선을 따라 선모가 나타나며, 외편이 내편보다 짧다.

방가지똥 꽃의 모습   방가지똥 꽃봉오리의 모습

　방가지똥의 열매는 도란형으로 다 익은 뒤에도 껍질이 터지지 않
고 종자를 싼 채로 떨어지는 수과(瘦果)형태로 양면에 3개씩 능선이
있고, 길이는 0.3㎝ 정도이며 9~10월경에 익는다. 씨방의 맨 끝에
붙은 솜털 같은 관모는 길이가 0.6㎝ 정도이고, 색깔은 흰색이다.

방가지똥의 결실 모습

　　　　　이것이 엉겅퀴다(This is Thistle)

제주도를 비롯한 전국 각지에 널리 분포하며 길가나 빈터 그리고 황폐지 등에서 흔히 볼 수 있는 사전귀화식물이다. 원산지는 유럽으로 우리나라, 중국, 일본, 유럽 등 세계각지에 분포한다. 일설에 의하면 미국의 잉여농산물에 씨앗이 붙어서 들어왔다고 한다.

방가지똥의 꽃말은 '정(情)'이다.

늦가을 또는 이른 봄에 어린 식물체를 나물로 하거나 국을 끓여 먹는다. 씀바귀처럼 맛이 쓴 성분을 지니고 있으므로 데쳐서 물에 우려낸 후 먹는다.

생약명으로 고거채, 고거, 청채, 자고채라고도 하며 뿌리와 꽃을 포함한 전초를 약재로 사용한다. 우수한 약초는 아니지만 본초강목이나 신농본초경 등에는 몸을 가볍게 하고 시력을 높이며 마음을 편하게 하여 오장의 사기를 제거한다고 되어 있다.

2) 사데풀

- 학명 : Sonchus brachyotus A. P. DC.

- 과명 : 국화과(Asteraceae) 방가지똥속(Sonchus)

- 이명 : 거매채, 야고채, 석쿠리, 사라부루, 소계

- 분포 및 서식지역 : 한국, 일본, 중국, 러시아 등지 분포(바닷가 근처 들판이나 풀밭)

사데풀은 양지바른 풀밭이나 바닷가 근처의 들판에서 무리지어 자라는 여러해살이초본으로, 크기인 초장(草丈)은 60~100㎝ 정도로 곧게 자란다. 줄기는 속이 비어 있고 가지가 성글게 갈라지고 전혀 털이 없어 밋밋하다. 전체에 유백색 즙이 들어 있다. 잎은 마디마다 서로 어긋난 위치에 생겨나며 잎자루가 없고 어려서는 자홍색을 띠나 자라면서 회록색을 띤다. 뿌리에서 나온 잎은 꽃이 필 때 없어진다.

중앙부 줄기에 달린 잎은 잎 사이가 짧고 긴 타원형이며 끝이 둔하고 길이가 12~18㎝ 정도이고 폭은 1~2.8㎝ 정도로서 밑 부분이 좁아져서 원줄기를 감싸며 가장자리가 밋밋하거나, 치아상의 톱니가 있거나 또는 불규칙하게 우상으로 갈라진다. 열편은 떨어져 있으며 표면은 녹색, 뒷면은 회청색이다. 윗부분의 잎은 점차 작아지고 떨어져 달리며 가장자리에 치아상 또는 결각상의 톱니가 있다.

꽃은 8~10월경에 피고 원줄기 끝에 산형화서 비슷하게 달리며, 화경의 길이는 1.2~8㎝ 정도로서 굵고 털이 있으며 포는 1~2개이다. 꽃은 모두 설상화이며 노란 황금색이고 길이가 2.1~2.4㎝ 정도이고 폭은 0.2㎝ 정도로서 화관 끝이 5개로 갈라지며 통부는 길이가 1.3~1.4㎝ 정도이고 윗부분에 털이 있다.

총포(總苞)는 넓은 통형이고 꽃이 필 때는 길이가 1.6~2.0㎝ 정도이고 폭은 0.4~0.5㎝ 정도이며 흰 솜털이 있다. 총포조각은 4줄로 배열되며 외편은 계란형으로 길이가 0.4~0.6㎝ 정도이고 내편은 피침형으로서 길이가 0.8~1.0㎝ 정도이다.

사데풀의 열매는 다 익은 뒤에도 껍질이 터지지 않고 종자를 싼 채로 떨어지는 수과(瘦果)형태로 갈색의 타원형이며 길이는 0.3~0.4 ㎝ 정도로서 양면에 5개의 능선이 있으며, 9~10월경에 익는다. 씨방의 맨 끝에 붙은 솜털 같은 관모는 길이가 1.3㎝ 정도로서 윗부분이 백색, 아랫부분이 갈색이며 씨가 익어가면서 흰털이 생겨서 마치 솜뭉치처럼 보인다.

사데풀의 꽃말은 '친절, 세력, 활력'이다.

이른 봄에 어린 식물체를 캐어 나물로 먹고 식물전체를 약용한다. 특히 사데풀은 북한에서 고난의 시기에 식량의 대용, 즉 구황의 식물로 널리 활용을 하였다고 한다. 사데풀 관련 자료로는 「사데풀 luteolin glycosides의 고속액체크로마토그래피 정량 및 검증과 아질산과산화염 소거활성(2012)」이 있다.

3) 큰방가지똥

- 학명 : Sonchus asper(L.) Hill.

- 과명 : 국화과(Asteraceae) 방가지똥속(Sonchus)

- 이명 : 개방가지똥, 큰방가지풀

- 원산지 : 유럽

- 분포 및 서식지역 : 유럽 및 한국, 도시 주변 빈터 및 인가 주변

- 특징 : 씨앗 표면이 세로로만 주름져 있다.

큰방가지똥은 유럽이 원산으로 한해 혹은 두해살이초본이다. 줄기는 곧게 서며 크기인 초장(草丈)은 40~120㎝ 정도로 자라고 남빛을 띤 녹색으로 속이 비어 있으며, 자르면 흰색의 즙액이 나온다.

뿌리에서 나온 잎은 모여 나와 방석처럼 퍼져 자라며 꽃이 필 때 쓰러져 없어진다. 서로 어긋나게 달리는 중앙부 줄기에 달린 잎은 계란꼴 타원 모양으로 두껍고 잎 윗면이 짙은 녹색이며, 윤이 나고 깊이 파이거나 깃꼴로 갈라지며 가장자리가 우상(羽狀)으로 갈라지거나 불규칙한 톱니가 있고 톱니 끝부분은 굵은 가시처럼 된다. 그리고 잎 몸의 밑 부분은 둥근 모양이며 줄기를 감싼다.

큰방가지똥의 모습　　　　　　　　어린 큰방가지똥의 모습

줄기인 대궁을 감싸고 있는 큰방가지똥의 모습   확대한 큰방가지똥 잎의 모습

꽃은 5~10월경에 가지와 원줄기 끝에 머리 모양으로 지름이 2cm 정도의 노란색 꽃이 여러 개가 달린다. 설상화로만 이루어지며 꽃자루에 선모가 없다. 총포조각은 2줄로 배열되고 피침형이며 외편이 내편보다 짧다.

큰방가지똥 꽃의 모습

큰방가지똥의 열매는 다 익은 뒤에도 껍질이 터지지 않고 종자를 싼 채로 떨어지는 수과(瘦果)형태로 갈색의 타원형이며 길이는 0.5~0.7㎝ 정도로서 양면에 3개의 능선이 있으며, 6~10월경에 익는다. 씨방의 맨 끝에 붙은 솜털 같은 관모는 약간 흑백색이며 길이는 0.7~0.8㎝ 정도이다. 큰방가지똥의 뿌리는 직근으로 굵은 뿌리 주위로 잔뿌리가 돋아나며 굵은 뿌리에는 속심이 들어 있다.

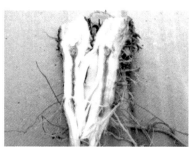

큰방가지똥 뿌리의 모습　　　　　　　큰방가지똥 뿌리 속심의 모습

큰방가지똥의 종명인 'asper'는 'rough(거친)'의 뜻을 가진 라틴어로 방가지똥속 식물 중에 가장 거친 가시를 가지고 있어 이러한 이름으로 명명되었을 것이다.

큰방가지똥의 꽃말은 '정(情)'이다.

큰방가지똥의 수과는 표면이 세로로만 주름져 있는 것이 그물무늬 주름이 있는 방가지똥과 구별된다. 그리고 방가지똥과 달리 큰방가지똥은 꽃자루에 선모가 없다. 큰방가지똥은 방가지똥과는 달리 개항(1876년) 이후에 들어온 귀화식물이며, 우리나라 도시 주변의 빈터나 인가 주변에서 흔히 볼 수 있다.

한방에서 큰방가지똥의 전초는 대엽거매채라 하여 약으로 사용하며, 백화대게라 불리기도 한다. 약성은 쓰고 차며, 열을 내리고 독을 없애며, 상처가 부은 것을 삭여 없어지게 하고 또 통증을 없애고 피를 멎게 하는 효능이 있다. 그래서 주로 여러 가지 외과질환과 피부질환에 전초를 사용하며, 천식에도 쓰이고 있다. 약으로 사용할 때에는 봄과 여름에 채취한 것을 그대로 쓰거나 햇볕에 말려서 사용한다. 내복할 경우 말려둔 것 9~15g을 물에 달여 복용하고 생것은 두 배의 양을 사용하면 된다(중화본초). 그리고 큰방가지똥의 어린잎과 줄기는 나물로 먹고 포기 전체를 가축의 사료로도 사용한다.

큰방가지똥 관련 자료로는 「큰방가지똥 추출물의 항당뇨 및 항고혈압효과(2011)」가 있다.

다. 지칭개속 1종의 생김새 및 특징

2007년 발간된 『한국속식물지』는 지칭개속에 전 세계적으로 약 150종이 분포한다고 수록하고 있는데, 우리나라 지칭개속(屬)에는 지칭개 1종만 속해 있다. 지칭개는 우리나라를 비롯한 아시아 지역에 분포한다. 조뱅이속이나 엉겅퀴속 식물들에 비해서 바깥쪽부터 중앙까지 붙은 총포조각에는 닭의 볏처럼 생긴 부속체가 있으므로 구분된다.

1) 지칭개

- 학명 : Hemistepta lyrata bunge

- 과명 : 국화과(Asteraceae) 지칭개속(Hemistepta)

- 이명 : 지칭개나물

- 분포 및 서식지역 : 한국, 일본, 중국, 인도, 호주 등의 들판의 풀밭

- 특징 : 총포조각에는 닭의 볏처럼 생긴 부속체가 있다.

지칭개는 한국, 중국, 일본 등 아시아 온대 지역과 방글라데시, 인도, 부탄, 미얀마 등 아시아 열대 지역과 오스트레일리아에 분포하며, 우리나라에서는 평지의 길가나 들판의 풀밭, 밭 가장자리, 논두렁 등에 자라는 두해살이초본으로 줄기의 끝에서 여러 대의 꽃대가 평행으로 갈라져 나가며 거의 가지를 치지 않는다.

줄기는 곧고 크기인 초장(草丈)은 60~90㎝ 정도이고, 세로 방향으로 많은 홈이 나 있다. 중심 줄기 속에는 솜털 같은 것이 들어 있다.

지칭개의 모습

지칭개 대궁의 모습

지칭개 대궁 및 줄기 속의 모습

뿌리는 다육질인 원뿔꼴의 직근이며 중앙 뿌리에 잔 실뿌리가 촘촘히 나 있다.

1년생 지칭개 모습

2년생 지칭개 뿌리의 모습

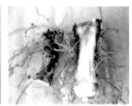

2년생 지칭개 뿌리 속의
모습 : 심이 생겨 있다

뿌리에서 나온 잎은 꽃이 필 때까지 남아 있거나 없어지며 밑 부분의 잎은 거꿀피침 모양 또는 도피침상 긴 타원형이고 밑 부분이 좁아지며 길이는 7~21㎝ 정도로서 뒷면에 백색 털이 밀생하고 우상으로 갈라지며, 정열편은 세모진 모양으로서 때로는 3개로 갈라지고 측열편은 7~8쌍으로서 밑으로 갈수록 점차 작아지며 톱니가 있다.

중앙부 줄기에 달린 잎은 엽병이 없고 긴 타원형이며 첨두이고 우상으로 갈라지며 위로 올라갈수록 선상피침형 또는 선형으로 된다. 줄기에서 자라나는 잎은 서로 어긋나게 자리 잡고 있으며 일반적으로 잎자루를 가지지 않는다.

꽃은 5~7월 중에 피고 꽃잎은 없으며 폭이 2㎝ 안팎의 머리 모양이고, 꽃차례는 홍자색의 통꽃이며, 줄기나 가지 끝에 1개씩 위를 향해 달리고 꽃이 필 때는 곧게 선다.

총포는 둥글며 길이는 1.2~1.4㎝ 정도이고 폭은 1.8~2.2㎝ 정도로서, 총포조각에 뿔처럼 생긴 돌기가 있으며 8줄로 배열되고 뒷면 윗부분에 맨드라미 같은 부속채가 있다. 꽃부리는 자주색이고 다섯 갈래로 갈라지며, 길이는 1.3~1.4㎝ 정도이고, 수술은 5개이고, 암술은 1개다.

지칭개 꽃의 모습

지칭개의 열매는 6~8월경에 익고 긴 타원형으로 길이는 0.25㎝ 정도이고 폭은 0.1㎝ 정도이며 암갈색이다. 씨방의 맨 끝에 붙은 솜털 같은 관모는 5~9개로 흰색이다.

지칭개 결실의 모습

지칭개 씨의 비상 모습   지칭개 씨앗과 씨앗에 붙은 관모의 모습

여름에 성숙하고, 어린잎은 구별을 하지만, 꽃이 필 때 꽃으로만 구별하기에는 엉겅퀴, 조뱅이, 방가지똥, 뻐꾹채와 비슷하여 구별하기 어렵다. 하지만 지칭개 잎의 뒷면은 쑥과 비슷하여 잎으로는 구별하기 쉬우며, 조뱅이도 타원형의 잎으로 가시가 많은 방가지똥과 쉽게 구별을 할 수 있다.

지칭개라는 이름의 유래는 어디서 나온 것일까? 지칭개는 상처 난 곳에 짓찧어 사용되고, 으깨어 바르는 풀이라 하여 '짓찡개'라 하다가 지칭개가 되었다 한다.

생육환경은 건조하고 마른 양지 혹은 반음지에서 잘 자란다. 지칭개에는 아카시아진딧물과 지칭개수염진딧물이라는 곤충이 심한 가해를 하고 있다.

지칭개의 꽃말은 '고독한 사랑, 독립'이다.

생약명은 이호채, 야고마, 고마채, 나미채, 강소야생식용식물, 귀주초약이라 하며, 이른 봄에 겨울을 난 식물체를 캐어 나물로 해 먹

이것이 엉겅퀴다(This is Thistle)

고, 뿌리를 포함한 모든 부분을 약용으로 쓴다. 약용 시에는 여름과 가을철에 채취하여 깨끗이 씻어서 햇볕에 잘 말려서 물에 달여서 먹는다. 지칭개는 맛이 맵고 쓰며 성질은 차가워서 열을 내리고 독기를 없애고 뭉친 것을 풀어준다고 알려져 있다.

지칭개 관련 자료로는 「지칭개 꽃의 성분연구(2002)」, 「지칭개의 Phytase 활성 검정(2012)」, 「지칭개에서 분리한 Hemistepsin A와 B의 비듬균에 대한 항균효과(2013)」, 「지칭개, 구절초 및 산국에서 분리한 Sesquiterpene lactones의 항균 활성(1999)」, 「지칭개 꽃에서 얻은 세스퀴터펜락톤의 세포독성효과(2003)」, 「국화과(초롱꽃목 : 쌍자엽식물아강)의 잡초가해 곤충(1992)」 등이 있다.

라. 뻐꾹채속 1종의 생김새 및 특징

전 세계적으로 뻐꾹채속 식물들은 아시아와 유럽에 약 17종이 분포하지만, 우리나라에는 뻐꾹채 1종만이 서식을 한다.

1) 뻐꾹채

- 학명 : Rhaponticum uniflorum (L.) DC.

- 과명 : 국화과(Asteraceae) 뻐꾹채속(Rhaponticum)

- 이명 : 뻑꾹나물, 대화계, 루로

- 분포 및 서식지역 : 한국, 일본, 중국, 동부 시베리아

뻐꾹채는 뻑꾹나물, 백꾹나물, 대화계, 루로라고도 하며, 한국, 일본, 중국 만주, 동부 시베리아 등지에 분포한다. 우리나라 각처의 산과 들에서 자라는 숙근성 여러해살이 초본으로 관화식물이며 온몸에 솜털이 깔려 있다.

줄기는 곧게 서고 백색 털로 덮여 있으며 크기인 초장(草丈)은 30~70㎝ 정도이고, 가지가 없고 곧게 자란다. 중심 줄기에는 줄이 있다.

뻐꾹채 모습

뿌리는 매우 굵으며 땅속 깊이 뻗어 들어간다.

뻐꾹채 뿌리의 모습

생육환경은 햇볕이 잘 들어오고 물빠짐이 좋은 산지 능선부의 비탈이나 산소 주변 등 건조한 양지에 잘 적응하면서 자란다. 토질은 가리지 않는 편이나 사질양토에서 더 잘 자란다. 일명 '멍구지'라고도 하며 잎이 엉겅퀴 잎을 닮았으나 더 크고 전혀 가시가 없으며 잎의 앞, 뒷면과 줄기 등 모두에 흰 털이 뒤집어씌우듯 나 있어서 쉽게 구별된다.

뻐꾹채의 일생 ① 뻐꾹채의 새싹이 올라오는 모습 : 3월 하순경

뻐꾹채의 일생 ② 뻐꾹채의 새싹이 올라오는 모습 : 4월 초순경

이것이 엉겅퀴다(This is Thistle)

뻐꾹채의 일생 ③ 뻐꾹채의 새싹이
올라오는 모습 : 4월 중순경

뻐꾹채의 일생 ④ 뻐꾹채의 새싹이
올라오는 모습 : 4월 하순경

뻐꾹채의 일생 ⑤ 뻐꾹채의 새싹이
올라오는 모습 : 5월 초순경

뻐꾹채의 일생 ⑥ 뻐꾹채의 대궁이 생기기
시작하는 모습 : 5월 중순경

뻐꾹채의 일생 ⑦ 뻐꾹채의 대궁이 올라오고
있는 모습 : 5월 중하순경

뻐꾹채의 일생 ⑧ 뻐꾹채의 대궁에서 꽃봉
오리가 생성되고 있는 모습 : 5월 하순경

뻐꾹채의 일생 ⑨ 뻐꾹채의 꽃봉오리에서
꽃이 피기 직전 모습 : 6월 초순경

뻐꾹채의 일생 ⑩ 뻐꾹채의 꽃이
만개한 모습 : 6월 초중순경

뻐꾹채의 일생 ⑪ 뻐꾹채의 결실 중인
모습 : 6월 중순경

뻐꾹채의 일생 ⑫ 뻐꾹채의 완전
결실된 모습 : 6월 하순경

뻐꾹채의 일생 ⑬ 뻐꾹채의 결실된
씨앗의 비상 모습 : 7월 초순경

뻐꾹채의 일생 ⑭ 뻐꾹채 씨앗의 비상이
끝나 고사 중인 모습 : 7월 중순경

잎은 백색 털이 밀생하며 갈래조각은 6~8쌍이고 가장자리에 불규칙한 톱니가 있다. 뿌리에서 나온 잎은 꽃이 필 때까지 남아 있고 길이는 15~20㎝ 가량으로 땅거죽을 덮으면서 둥글게 배열된다. 줄기에서 자라나는 잎은 서로 어긋나게 자리하며 위로 올라갈수록 점차적으로 작아지고 잎자루를 가지지 않고 밑 부분의 잎과 더불어 거꾸로 세운 바소꼴 타원형이고 끝이 둔하며 깃처럼 완전히 갈라진다.

뻐꾹채 잎 윗면 모습   뻐꾹채 잎 아랫면 모습

꽃은 5~7월경에 원줄기 끝에 한 송이씩 홍자색으로 달리고 꽃부리는 길이가 약 3㎝ 정도이며 통 모양으로 이루어진 부분이 다른 부분보다 짧으며 지름이 6~9㎝ 정도로 홍색빛을 띤 자주색이다. 총포는 반구형이며 길이가 3㎝ 정도이고 폭은 5㎝ 정도이다. 포 조각은 6줄로 배열되고 외편과 중편은 주걱 모양으로서 윗부분이 넓고 뒷면에 털이 약간 있으며 밑 부분에 털이 많고 내편은 피침상 선형으로서 끝이 약간 넓다. 뻐꾹채의 열매는 다 익은 뒤에도 껍질이 터지지 않고 종자를 싼 채로 떨어지는 수과(瘦果)형태로 6~8월경에 익으며 길이는 0.5㎝ 정도이고 폭은 0.2㎝ 정도의 타원형이고, 약 2㎝가량 되는 씨방은 솔방울형상을 닮은 많은 꽃받침에 둘러싸여 있다. 씨방의 맨 끝에 붙은 솜털 같은 관모는 연한 갈색으로 여러 줄이 있으며 길이는 2㎝ 정도이다.

뻐꾹채의 결실된 봉오리와 씨앗의 모습

뻐꾹채 씨앗에 붙어 있는 관모의 모습

뻐꾹채 잎과 줄기 속과 봉오리의 모습

'뻐꾹채'라는 말은 뻐꾸기가 날아와 뻐꾹뻐꾹하고 노래하는 5월에 꽃이 핀다고 해서 뻐꾹채라고 했다 한다. 산촌 사람들은 뻐꾸기가 이 꽃을 피운다고 믿고 있다. 또 어떤 사람은 뻐꾹채의 꽃봉오리에 붙은 비늘잎이 뻐꾸기 가슴 털 색깔처럼 보인다고 해서 뻐꾹채라고도 한다. 한방에서 뻐꾹채 뿌리를 말린 것을 비가 새는 뗏잡이라며 누로(漏路)라 했다 한다.

뻐꾹채의 꽃말은 '봄 나그네'이다.

생약명은 누려, 야란, 협호라고도 한다. 어린 식물체를 식용으로 사용하며, 뿌리와 꽃차례는 약용으로 한다. 중국에서는 뻐꾹채가 해열과 해독작용이 있다고 하여 약으로 쓴다고 한다.

참고로 뻐꾹채의 활용방법을 간략히 기술하여 본다.

나물로 식용할 때는 봄에 굵은 싹이 나올 때 어린 순을 따서 나물용으로 이용할 수 있는데, 어린 순은 향기롭고 쌉싸름한 맛이 구미를 돋워주며 삶아서 우렸다가 나물로 무쳐도 좋고 기름에 볶아서 먹어도 좋다. 큰 꽃봉오리는 채 피기 전에 따서 까슬까슬한 갈색의

이것이 엉겅퀴다(This is Thistle)

비늘을 벗겨버리고 살짝 데쳐 썰어서 샐러드나 초고추장에 찍어 먹어도 좋고 볶아도 맛있다. 또 약용으로 사용할 시에는 뿌리(根)인 누로(漏)와 꽃차례인 추골풍(追骨風)을 약용할 수 있는데, 활용방법은 아래와 같다.

뻐꾹채 뿌리 (漏蘆)		가을에 줄기와 수염뿌리를 제거하고 깨끗이 씻어 햇볕에 말린다.
	성분	뻐꾹채의 뿌리는 정유(精油)를 함유하고 큰절굿대의 과실은 echinorine을 함유하고 종자는 echinopsine과 echinine을 함유한다.
	약효	청열(淸熱), 해독, 소종(消腫), 배통(背痛), 하유(下乳), 근맥소통(筋脈疏通)의 효능이 있으며, 옹저발배(離疽發背 : 등에 생긴 종양(腫)), 유방(乳房)의 종통(腫痛), 유즙불통(乳汁不通), 나력 악창, 습비근맥구련(濕痺筋脈均攣), 골절동통(骨節 疼痛), 열독혈리(熱毒血痢), 치장출혈(痔瘡出血)을 치료한다.
꽃차례 (追骨風)		활혈(活血), 발산(發散)의 효능이 있다. 술에 담가서 복용하면 타박상을 치료한다.

뻐꾹채 관련 자료로는 「자생 뻐꾹채 분포와 자생지의 생태적 특성에 관한 연구(2002)」와 「자생 뻐꾹채 분포와 재배에 관한 연구(2004)」가 있다.

마. 산비장이속 4종의 생김새 및 특징

수리취속(Synurus) 식물들에 비해서 모인꽃싸개 조각은 짧으며, 바깥쪽으로 벌어지지 않고 기와 이은 모양으로 붙어 있으므로 구분된다. 산비장이속 내에서는 잔잎 산비장이와 비슷하나 꽃차례 내에서 양성화와 암꽃의 분포에서 차이가 난다. 잔잎산비장이는 꽃차례의 모든 꽃이 양성화인데 반해 산비장이는 꽃차례의 중심부에는 양성화가 있지만 가장자리에는 암꽃만 있는 점에서 구분된다. 본 분류군의 식물에는 곤충의 탈피호르몬의 일종인 Ecdysteroids를 함유하고 있어 의약품으로 개발할 수 있는 가능성이 있다고 한다. 우리나라에 서식하는 산비장이 속을 산비장이, 잔잎비장이, 잔톱비장이, 한라산비장이 순으로 서술하여 보았다.

1) 산비장이

- 학명 : Serratula coronata var. insularis (Iljin) Kitamura. F. insularis

- 과명 : 국화과(Asteraceae) 산비장이속(Serratula)

- 이명 : 큰산나물, 산비쟁이, 조선마화두

- 분포 및 서식지역 : 한국, 중국, 일본, 유럽 등에 분포, 산지의 풀밭

- 특징 : 꽃차례의 중심부에는 양성화, 가장자리에는 암꽃만 있는 점

산비장이는 우리나라 각처 산지의 풀밭에서 자라는 여러해살이 초본으로 엉겅퀴와 비슷한 외모를 가지고 있으나, 엉겅퀴의 무리는 아니며 전혀 가시를 가지지 않는다. 생육환경은 숲속의 양지 쪽 약간 건조한 땅에서 자란다.

크기인 초장(草丈)은 약 50~150㎝ 정도로 자라고 중심 줄기는 곧게 서며 질이 딱딱하고 세로줄이 있고 뿌리줄기는 나무처럼 단단하며 위쪽에서 약간의 가지를 친다.

뿌리는 여러 갈래로 뻗는 분근으로서 근경에 목질이 발달하며, 길이는 약 12~30㎝ 정도이다.

산비장이의 모습

2년생 산비장이의 새순 모습 ① : 4월 하순경   2년생 산비장이의 새순 모습 ② : 5월 초순경

2년생 산비장이의 새순 모습 ③ : 5월 중순경   2년생 산비장이의 새순 모습 ④ : 5월 하순경

    뿌리에 달린 잎은 계란 모양 긴 타원형으로서 끝이 뾰족하고 깃처럼 완전히 갈라진다. 갈래조각은 타원형이고 가장자리에 불규칙한 톱니가 있으며 잎자루는 길이 11~30㎝ 정도이고 표면은 녹색, 뒷면은 흰색이다. 중심 줄기에 달린 잎은 서로 어긋난 자리에 나고 타원형으로 생겼으며 깃털 모양으로 깊게 갈라지고 위로 갈수록 크기가 작아진다. 잎은 6~7쌍의 갈래로 나누어져 있다.

산비장이 잎의 모습   산비장이 대궁 및 대궁 속의 모습   산비장이 뿌리의 모습

산비장이의 꽃은 7~10월경에 연한 붉은 자줏빛으로 피고 폭은 3~4㎝ 정도이며 가지 끝과 원줄기 끝에 1개 내지 2~3송이의 꽃이 피는데 꽃잎은 가지고 있지 않다. 작은 비늘잎과 같이 생긴 많은 꽃받침에 둘러싸여 실오라기와 같은 분홍색 수술과 암술이 둥글게 뭉친다. 총포(總苞)는 종형이며 길이는 2.0~2.7㎝ 정도이고 폭은 1.5~3.0㎝ 정도로서 노란빛을 띠는 황록색이고 거미줄 같은 털이 약간 있다. 포조각은 6줄로 배열되며 외편은 피침형 또는 넓은 피침형이고 중편과 더불어 뽀족하며 내편은 건막질이다. 혀 꽃은 길이는 2.5~2.8㎝ 정도이고 끝이 5개로 갈라지며 연한 홍자색이다.

산비장이 꽃의 모습

산비장이의 열매는 다 익은 뒤에도 껍질이 터지지 않고 종자를 싼 채로 떨어지는 수과(瘦果)형태로 9~11월경에 결실이 되고 원통형이며 길이는 약 0.6㎝ 정도이다. 씨방의 맨 끝에 붙은 솜털 같은 관모는 길이가 1.1~1.4㎝ 정도로서 갈색이다.

산비장이속 내에서는 잔잎산비장이와 비슷하나 꽃차례 내에서 양성화와 암꽃의 분포에서 차이가 난다. 잔잎산비장이는 꽃차례의 모든 꽃이 양성화인데 반해 산비장이는 꽃차례의 중심부에는 양성화가 있지만 가장자리에는 암꽃만 있는 점에서 구분된다.

산비장이 꽃술의 모습

어린 순을 나물로 먹을 수 있으며, 또 절화용 화훼로 개발 가능성이 높아 지피용 소재로 사용하여도 매우 좋다.

산비장이의 꽃말은 '추억'이다.

산비장이를 유럽과 일본에서는 주로 명주 옷감을 물들이는 데도 쓴다. 또 산비장이에는 곤충의 탈피호르몬의 일종인 Ecdysteroids를 함유하고 있어 의약품으로 개발할 수 있는 가능성도 있다고 한다.

'산비장이'란 이름의 유래를 살펴보면 '비장(裨將)'이란 조선시대의 감사, 유수, 병사, 수사, 견외사신을 따라다니며 일을 돕던 무관막료로 산비장이의 꽃이 비장의 전립(모자)의 장식 깃털을 닮았다 하여 붙여졌다 한다. 그리고 '비장'은 지금의 비서쯤 되지 않나 싶다. 따라서 '산비장이'란 말의 어원은 '산을 지키는 비장'이라고 하면 어떨까 싶다. 필자의 생각이다.

산비장이 관련 자료로는 「산비장이를 이용한 직물의 천연 염색(2006)」이 있다.

2) 잔잎산비장이

- 학명 : Serratula Komarovii Iljin

- 과명 : 국화과(Asteraceae) 산비장이속(Serratula)

- 분포 및 서식지역 : 한국, 일본 등에 분포, 산과 들의 양지

- 특징 : 꽃차례의 모든 꽃이 양성화

잔잎산비장이는 전국의 산과 들, 특히 북부지방의 메마른 산지나

강가의 모래땅에 자라는 여러해살이풀이며 일본에도 분포한다. 뿌리줄기는 굵고 옆으로 벋으며 나무질이다. 줄기는 곧추서며, 위쪽에서 가지가 갈라지고, 크기인 초장(草丈)은 30~150㎝ 정도이다.

잎은 어긋나는데 줄기 아래쪽과 가운데 잎은 잎자루가 있고, 난상타원형, 깃꼴로 완전히 갈라진다. 갈래는 4~7쌍, 긴 타원형, 가장자리에 큰 톱니가 있다. 잎은 줄기 위쪽으로 갈수록 작고, 갈래도 얕다.

꽃은 8~10월경에 줄기와 가지 끝에서 머리모양 꽃이 1개씩 달리며, 폭은 3~4㎝ 정도이며 색깔은 자주색이다. 모인 꽃싸개는 단지 모양, 누런빛이 도는 녹색인데 자줏빛이 조금 난다. 모인 꽃싸개 포조각은 7줄로 붙는다. 꽃차례 가장자리에 혀 모양 꽃, 안쪽에 관 모양 꽃이 달린다.

잔잎산비장이의 열매는 다 익은 뒤에도 껍질이 터지지 않고 종자를 싼 채로 떨어지는 수과(瘦果)형태이다.

산비장이와의 구분은 잔잎산비장이는 꽃차례의 모든 꽃이 양성화인데 반해 산비장이는 꽃차례의 중심부에는 양성화가 있지만 가장자리에는 암꽃만 있는 점에서 구분된다.

3) 잔톱비장이

- 학명 : Serratula hayatae Nakai

- 과명 : 국화과(Asteraceae) 산비장이속(Serratula)

- 이명 : 흰잎산비장이

- 분포 및 서식지역 : 한국, 중국 등 산간지역 풀밭

- 특징 : 잎이 갈라지지 않는다.

　잔톱비장이는 우리나라의 북부지방과 중국 등지에 분포하고 산지 교목들이 성글게 있는 풀밭에서 서식하는 여러해살이풀로 크기인 초장(草丈)은 60~80㎝ 정도이다.

　줄기는 곧추 자라며 세로로 잔주름들이 있고, 줄기 아랫부분에 거미줄 모양의 흰 털이 있으며 가지를 적게 친다.

　뿌리에 달린 잎은 모여 나며 긴 엽병이 있고, 엽신은 타원형이며 끝부분은 뾰족하고 밑 부분은 좁아졌으며 설형이고 가장자리에는 뾰족한 거치가 있다. 중심 줄기에 달린 잎은 호생하며 줄기 아래 잎에는 엽병이 있고 윗부분의 잎들에는 엽병이 없거나 짧다. 엽신은 타원형 혹은 타원상피침형이며 길이는 7~9㎝ 정도이고 폭은 2~3.5 ㎝ 정도이다. 엽연에 거치가 있으며 잎 밑 부분은 쐐기 모양이고 끝 부분은 뾰족하다. 잎 앞면은 녹색이고 털이 없으며 뒷면은 연한 녹색이고 털이 있다.

꽃은 7~8월경에 머리 모양 꽃을 이루며 줄기와 가지 끝에 한 송이씩 핀다. 총포(總苞)는 계란형으로 길이는 2.0~2.5㎝ 정도이다. 총포 조각은 8~9줄이 복와상으로 붙는데 바깥 줄의 것들은 계란형이고 짧으며, 가운데 줄의 것들은 타원형이고 끝에 뾰족한 가시가 있고 안쪽 줄의 것들은 긴 선형이다. 화탁에는 누리끼리한 색의 털이 있다. 화서에는 모두 관 모양의 양성화가 있다. 화관은 길이가 1.5~1.6㎝ 정도이고 좁은 통 부분의 길이는 0.9~1.0㎝ 정도이며 자색이고 넓은 통 부분은 다섯 갈래로 갈라졌다.

잔톱비장이의 열매는 다 익은 뒤에도 껍질이 터지지 않고 종자를 싼 채로 떨어지는 수과(瘦果)형태로 긴 계란형이며 길이는 0.5㎝ 정도이고 폭은 0.2㎝ 정도이며, 털이 없고 9월경에 익는다. 씨방의 맨 끝에 붙은 솜털 같은 관모는 갈색이고 여러 줄로 붙으며 길이가 서로 다르다. 뿌리는 목질이고 엇비스듬히 벋는다.

잔톱비장이가 잎이 갈라지지 않는데 비해 산비장이와 잔잎비장이는 잎이 깃꼴로 깊게 또는 완전히 갈라지므로 구분이 된다.

4) 한라산비장이

- 학명 : Serratula coronata For. alpina (Nakai) W. T. Lee
- 과명 : 국화과(Asteraceae) 산비장이속(Serratula)

- 이명 : 한라비장이, 만주산비장이

- 분포 및 서식지역 : 한국의 한라산, 만주 등지의 산지

한라산비장이는 한국의 한라산과 만주에 분포하며 특히 한라산의 1,500~1,800m 고지에 많이 나며, 크기인 초장(草丈)은 10~40㎝ 정도로 왜소형이고 전체에 털이 없다. 줄기는 곧추서며 총선이 있고 뿌리인 근경은 목질이다.

뿌리에 달린 잎은 화시에 남아있거나 없으며, 중심 줄기에 달린 잎은 어긋나기하고 하엽은 엽병이 길고 난상장타원형으로 끝이 뾰족하며 우상으로 완전히 갈라지고 열편은 6~7쌍으로 긴 타원형이며 끝이 뾰족하고 불규칙한 톱니가 있으며 밑은 엽축의 날개로 되고 양편에 털이 있다. 중심 줄기에 달린 잎은 뿌리에 달린 잎과 비슷하나 위로 갈수록 작아진다.

꽃은 7~10월경에 연한 붉은 자주색으로 피고 가지와 줄기 끝에 곧게 서서 머리 모양 꽃차례인 두상화가 1개씩 달린다. 총포는 종형으로 길이가 2.0~2.7㎝ 정도이고 폭은 1.5~3.0㎝ 정도이고, 황록색으로 자색을 띠며 가는 털이 생기어 나타나고 끝이 날카로우며 전부 통상화가 된다. 총포조각은 7열이고 외편과 중편은 끝이 뾰족하다.

한라산비장이의 열매는 다 익은 뒤에도 껍질이 터지지 않고 종자를 싼 채로 떨어지는 수과(瘦果)형태로 9~10월경에 익으며 길이

가 0.6㎝ 정도이다. 씨방의 맨 끝에 붙은 솜털 같은 관모는 길이가 1.1~1.4㎝ 정도이다.

한라산비장이의 번식은 씨앗이나 분주로 할 수 있다.

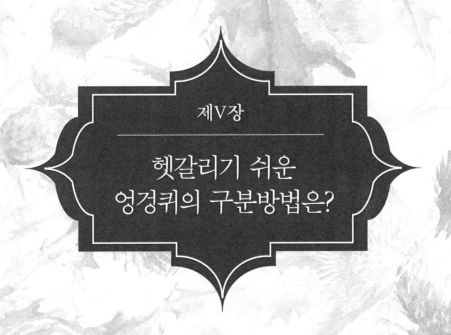

제V장

헷갈리기 쉬운
엉겅퀴의 구분방법은?

엉겅퀴 여러 종(種)들 중에는 서로 매우 비슷하여 구분하기 어려운 종들이 있고 또 형태 등에서 구분이 모호하여 헷갈리기 쉬운데, 이들 가운데에서 독자들이 특히 서로 헷갈려하는 종을 언급하여 보았다. 먼저 토종엉겅퀴와 외래종인 엉겅퀴의 구분을 하기 위해 엉겅퀴와 지느러미엉겅퀴는 서로의 특징과 사진을 그리고 흰무늬엉겅퀴의 꽃봉오리 등을 사진으로 비교하였다. 또 가시엉겅퀴와 바늘엉겅퀴, 그리고 정영엉겅퀴와 고려엉겅퀴에 대하여 구분하는 방법을 꽃봉오리 등의 설명과 사진으로 비교하여 보았다.

1.
토종엉겅퀴와 외래종엉겅퀴의 구분방법은?

가. 엉겅퀴, 지느러미엉겅퀴의 구분

　토종엉겅퀴와 외래종엉겅퀴의 대표 격인 엉겅퀴(대계)와 지느러미엉겅퀴(비렴)의 구분에 대해 다음 5가지로 요약, 정리하여 보았다.

　첫째로 줄기에 있어서 엉겅퀴는 매끈하고 지느러미엉겅퀴는 전체에 물고기의 등지느러미처럼 생긴 4개의 줄 끝에 가시가 붙어 있다.

　둘째로 잎의 색깔이 엉겅퀴는 진녹색이고 지느러미엉겅퀴는 연녹색이다.

　셋째로 뿌리의 생김새가 엉겅퀴는 한 포기에서 여러 갈래로 나오고 지느러미엉겅퀴는 중심뿌리가 깊이 뻗고 중심뿌리 껍질에 잔 실뿌리가 생겨나온다.

　넷째로 꽃받침이 엉겅퀴는 매끄럽고 끈적끈적한 점액질이 나오는 반면 지느러미엉겅퀴는 크고 긴 돌기가 돋아나 있다.

다섯째로 맛에 있어서 엉겅퀴는 단맛(味甘)이고 지느러미엉겅퀴는 쓴맛(味苦)이다.

1년생 비교(좌측 : 외래종 지느러미엉겅퀴, 우측 : 토종 엉겅퀴)

2년생 비교(좌측 : 외래종 지느러미엉겅퀴, 우측 : 토종 엉겅퀴)

꽃봉오리 비교(좌측 : 외래종 지느러미엉겅퀴, 우측: 토종엉겅퀴)

나. 엉겅퀴, 흰무늬엉경퀴의 구분

봉오리 비교(좌측 : 외래종 흰무늬엉경퀴, 우측 : 토종엉경퀴)

봉오리 속 씨방(좌측 : 외래종 흰무늬엉경퀴, 우측 : 토종엉경퀴)

관모 달린 씨앗(좌측 : 외래종 흰무늬엉경퀴, 우측 : 토종엉경퀴)

다. 엉겅퀴, 지느러미엉겅퀴, 흰무늬엉겅퀴의 비교

좌측 : 흰무늬엉겅퀴, 중앙 : 지느러미엉겅퀴, 우측 : 엉겅퀴

2.
비슷한 토종엉겅퀴의 구분방법은?

가. 가시엉겅퀴와 바늘엉겅퀴의 구분

먼저 가시엉겅퀴와 바늘엉겅퀴를 구분하는 데 있어 두 종류의 사진을 직접 찍은 것이 없어 글로만 기술함을 양해 바라며, 차후 사진이 확보되는 대로 보강을 약속드린다. 「한라산 특산식물 바늘엉겅퀴, 한라 개승마(2009, 현진오)」에 의하면, 한라산 특산식물인 바늘엉경퀴는 해발 1,300~1,900m의 고산초원에 사는 여러해살이풀이다. 학명에 코뿔소라는 뜻의 종소명을 가진 것처럼 이 식물의 잎 가장자리에는 딱딱하고 날카로운 가시가 달려 있다. 우리나라에 분포하는 다른 엉경퀴 종류들도 모두 잎이나 줄기에 가시를 달고 있지만 이처럼 강한 가시를 가진 것은 없다. 험한 고산 환경을 이겨내기 위한 방편인지도 모르겠다.

그런데 이 날카로운 가시 때문에 바늘엉경퀴를 가시엉경퀴로 오인

하는 사람들이 적지 않다.

가시엉겅퀴는 엉겅퀴의 한 품종으로서 엉겅퀴에 비해 잎에 가시가 특별히 단단하게 발달한 종류다. 한라산 고산초원에 자라는 가시엉겅퀴들은 가시가 참으로 날카롭다. 가시로만 보아서는 두 종을 구분하기 어려울 정도다. 하지만, 두 식물을 쉽게 구분할 수 있는 특징이 있다.

먼저 꽃이 피는 시기가 다른데, 가시엉겅퀴가 1개월 정도 일찍 꽃을 피운다.

또한, 꽃봉오리의 모양을 보면 더욱 쉽게 구분할 수 있다. 가시엉겅퀴나 바늘엉겅퀴 모두 국화과 식물로서 머리 모양 꽃 아래쪽에는 모인 꽃싸개가 달린다. 이 모인 꽃싸개 모양을 비교하면 둘을 쉽게 구분할 수 있다. 가시엉겅퀴의 모인 꽃싸개는 길이가 매우 짧은데 비해, 바늘엉겅퀴의 모인 꽃싸개는 길게 발달해 있을 뿐만 아니라 끝에 가시처럼 보이는 소포엽이 길게 달려있기 때문에 구분하기가 쉽다.

나. 고려엉겅퀴와 정영엉겅퀴의 구분

고려엉겅퀴와 정영엉겅퀴는 일반적으로 보았을 때에는 구분을 하기가 매우 어렵다. 고려엉겅퀴와 정영엉겅퀴의 분류를 연구한 자료인 「고려엉겅퀴, 정영엉겅퀴 및 동래 엉겅퀴의 분류학적 실체 검토(2005, 송미장 외 1)」에 따르면, 고려엉겅퀴와 정영엉겅퀴의 주요 식별 형질인 잎, 화서 및 총포에 관한 외부 형태학적 형질과 잎에 관한 식별형질들을 비교분석한 결과, 거의 구별이 되지 않는 하나의 집단으로 나타났다고 한다. 성분 등에서는 거의 차이가 별로 없었고, 잎도 약간의 차이가 있을 뿐이었으며, 꽃에 있어서도 색깔이 고려엉겅퀴는 홍자색, 황백색, 흰색 등이었고 정영엉겅퀴는 황백색이었는데 두 분류군이 서로 섞여 형성하므로 정영엉겅퀴를 고려엉겅퀴로 처리하는 것이 타당하다고 하였다.

고려엉겅퀴 모습

그러나 「국내에 자생하는 일부 엉겅퀴속 식물들의 분자유전학적 유연관계분석(2015, 배영민)」에서는 고려엉겅퀴의 잎은 난형, 타원상

난형 등으로 피침형이 아닌 식물 중에서 잎이 전혀 갈라지지 않는 것으로 분류하고, 정영엉겅퀴는 일부 잎에서 밑 부분에 갈라진 부분이 있는 것으로 분류하고 있지만, 실제로는 식물의 잎의 형태는 여러 가지 자연환경에 크게 영향을 받으므로 잎의 형태에만 의존하여 이 두 그룹을 구분하기에는 쉽지 않다고 하였다. 그러나 ITS의 염기서열을 분석하였을 땐 두 그룹 간에 의미 있는 차이점이 존재한다고 하였다.

필자는 고려엉겅퀴와 정영엉겅퀴의 미세한 차이점을 다음과 같이 정리하여 보았다.

먼저 중앙줄기 밑 부분의 잎자루와 잎 몸의 비율에서 정영엉겅퀴가 약간 더 길고, 또 잎 밑 부분에 정영엉겅퀴에는 얕은 결각이 있고 고려엉겅퀴에는 없는 것과, 꽃의 폭에서는 고려엉겅퀴가 약간 더 크다는 점이다. 또한 꽃의 색깔도 고려엉겅퀴가 완전 흰색인 반면 정영엉겅퀴는 노란색이 조금 감도는 황백색이며 특히 총포편의 배열이 고려엉겅퀴는 7줄인 반면 정영엉겅퀴는 6줄로 배열되는 점을 언급하고 싶었다.

제VI장

엉겅퀴의
재배 및 수확방법은?

1.
들어가며

엉겅퀴를 포함한 '산채(山菜)'는 사람에 의해서 개량, 육성되어 논밭에서 재배되고 있는 농작물이 아니고 자연 그대로 산야에서 자생하는 식물 중 약용이나 식용이 가능한 식물을 말한다. 그러면 산채는 어떤 이유로 아직까지 작물로 개량되어 재배되지 못하고 산야에 자생하는 상태로 이용되어 왔는가를 살펴보지 않을 수가 없다. 그 요인으로는 첫째, 여태까지는 현 작물보다 경제성이 떨어지고, 둘째는 야생성향으로 인한 까다로운 재배조건이 아닐까 하고 필자는 요인을 분석하여 보았다.

하지만 생활에서 모든 여건이 향상, 개선된 최근에 들어서는 산채가 갖고 있는 기능성으로 인하여 사람들의 몸에 좋은 건강식약품으로서 인식과 가치가 점차 인정되는 추세이기도 하다. 그러나 현재까지 우리나라에서는 엉겅퀴가 가지고 있는 날카로운 가시 때문인지 관심만 가질 뿐 재배에 엄두를 못 내고 있다. 또한 국내에서 외래종의 재배가 금지되어 있었을 뿐만 아니라, 종자나 식물체로의 수입도 불가능하게 되어 있었다. 하지만 근래에 와서는 다양한 종류를 지역적으로 조금씩 재배를 하고는 있지만 아직도 본격적인 대량재배로는 들어서지 못하고 있는 것도 현실이다. 또 대량재배를 하더라도 가공 및 판로 등 인프라가 전혀 안 된 상황에서 위험을 감수하면서까지 재배에 집착할까 하는 회의감이 드는 것도 사실이다.

다만 조금씩 엉겅퀴에 관심과 눈길을 주는 현상은, 엉겅퀴를 연구하고 책을 집필하는 필자로서는 참으로 기쁘기 그지없다. 따라서 엉겅퀴에 대한 관심이 있고 재배를 하고픈 독자들을 위하여 필자가 이제껏 시험재배하면서 경험하고 느낀 점과 재배법을 나름대로 진솔하게 서술하여 보았다. 이런 말이 전해오고 있다. '진리는 책 속에 있고 명약은 언제나 주변에 있다. 늘 거기 있되, 다만 사람의 눈으로 보지 못할 뿐이다'라고. 신통한 약효를 지닌 엉겅퀴를 농사에 방해만 되는 해초(害草)라는 인식부터 바꿔야 하지 않을까 생각한다. 엉겅퀴는 병충해에 상당히 강하고 어느 곳에서나 잘 자라기 때문에 아주 척박한 곳만 아니면 어디에서라도 재배가 가능하다.

「국내 자생 엉겅퀴추출물의 항산화성분 및 활성(2012, 장미란 외 3)」에 따르면, 국내의 여러 곳에서 채집한 엉겅퀴를 분석하여 본 결과 여러 물질을 많이 함유하고 있어서 우리나라의 어느 지역이든지 재배 가능토록 엉겅퀴의 재배기술 등을 보급하여 약용자원으로 활용이 적합하다고 한다. 실제 엉겅퀴 재배와 관련 연구한 「고려엉겅퀴의 종자발아 및 차광재배효과 구명(1996, 서종택 외 4)」과「물엉겅퀴의 엽형 특성과 재배법확립에 관한 연구(1996, 민기군 외 4)」그리고 농촌진흥청에 의하면, 앞으로 엉겅퀴가 새로운 소득 작물로 농가에도 많은 보탬이 될 것이라고 하였다.

이에 필자는 엉겅퀴의 재배방법 등에 대하여 다년간 직접 재배 경험과 자료 등을 참조하여 재배에 적합한 토양 및 기후, 발아 및 번식방법, 이식방법 및 장소, 수확시기 및 방법, 건조 및 저장방법, 병충해 예방, 부가창출을 위한 대량재배방법 순으로 구분하여 서술하였다.

2.
엉겅퀴 재배에 적합한 토양 및 기후

가. 토양조건

엉겅퀴는 양지 및 반양지성 식물로 토양을 가리지 않으나, 재배에 적합한 토양은 토층이 두껍고 보수력이 있는 비옥한 사질양토가 좋고 배수가 잘되는 토질이면 금상첨화다. 뿌리는 보통 30~50㎝, 크게는 70㎝ 이상까지 활착하여 양분을 흡수하므로 약산성 정도의 토양이 최적이나 성장기에는 다소의 유기물을 충분히 보충하면 더욱 좋다. 다만 배수가 잘 안 되어 물이 항시 고여 있거나 축축한 상태가 지속되는 토질은 이식 후 활착도 잘 못하고 뿌리서부터 썩어 완전 고사하는 경우가 많으므로 피해야 한다. 또 이런 땅에선 여러 가지 병해가 발생하므로 주의해야 한다. 또한 토양에는 봄에서 여름을 지나면서 땅속의 뿌리를 갉아먹는 애벌레가 있어 엉겅퀴가 고사되는 현상도 발생된다. 이때에는 정식 전이나 월동 전후 또는 연한 잎을 수확한 후 토양살충제를 살포하여 애벌레를 방제한다.

그리고 엉겅퀴의 활용도에 따라 토질을 달리할 수도 있는데, 예를 들어 씨 수확이 주목적인 경우에는 어떤 땅이든 좋고, 뿌리가 주목적인 경우에는 마사토인 사질양토가 수확 시에 좋으나 크게 지질을 탓하지는 않는다.

만약 화분 등에 엉겅퀴를 재배할 시에는 마사토 7 : 퇴비 3의 비율로 토양을 조성하여 기르면 잘 자란다.

필자의 엉겅퀴 실험재배농장 전경

나. 기후조건

엉겅퀴 재배에 적합한 기후조건으로는 햇볕이 잘 들면서 아침 저녁으로 서늘하고 대기습도가 높은 곳, 즉 생육에 적당한 온도인 18~25℃가 좋으며 건조가 계속되는 곳은 좋지 않으나, 엉겅퀴는 겨울철 극한 환경에도 고사되지 않고 잘 자생한다.

3.
엉겅퀴의 발아 및 번식방법

종자의 휴면은 복잡한 기작이라고 할 수 있으나, 식물에서는 주어진 환경에 적응하고 생존하기 위한 하나의 방법이라고 할 수 있다.

대개 종자는 건조과정에서 휴면에 들어가며 2~3주 내에 깊은 휴면에 들어가지만, 대부분의 곡물종자는 15~20℃에서 1~2개월 저장하면 발아율이 최대에 이른다.

발아에 적당한 온도가 20℃라고 할지라도 대개 절반 정도의 종자들은 발아과정에서 광을 필요로 하는데 광에 대한 반응은 광질, 기간, 종에 따라 다른 것으로 알려져 있다. 산채류 종자의 발아온도는 보통 15~22℃로, 저온에서 발아되는 특성을

토종엉겅퀴(大薊)의 씨앗 모습

가지고 있으며, 또 야생식물종자는 대부분 광 발아성이라고 한다. 여러 실험에서 저온습윤 및 변온처리가 종자의 발아력을 향상시킬 수 있는 방법이라고 한다. 엉겅퀴를 재배하는데 있어서 무엇보다 중요한 것이 씨앗의 발아와 번식이다. 그것은 발아를 잘 시켜야 번식이 가능하기 때문이 아닐까 생각한다.

가. 발아방법

씨앗에서 싹이 나오는 종자발아와 관련하여 연구한 「저온습윤 및 변온처리가 자생식물의 종자발아에 미치는 영향(2000, 강치훈 외 1)」에 따르면, 고려엉겅퀴는 저온 습윤 처리 명(明)조건에서, 물엉겅퀴는 암(暗)조건에서 발아율이 높았다고 하였다. 또한 채종 직후 노지 파종은 53%, 노천매장 후 파종은 60%, 전열온상파종은 67%로 발아율을 보였다고 한다. 따라서 종(種)과 층적 저장시의 온도범위와 기간에 따라 발아율에 미치는 영향은 달라질 수 있다고 하였다. 그리고 일반 사람들이 야생에서 채종한 씨앗을 그냥 밭에다 뿌리거나 파종하면 십중팔구는 당해년에는 발아가 잘되지 않는다. 즉 싹이 잘 나오지 않는다. 그래서 반드시 동면타파(冬眠打破)를 하여 파종을 하거나, 노지에 뿌린 후 1년을 더 기다려야 하는 것이다. 보통 종자의 발아촉진방법을 연구한 자료인 「고려엉겅퀴(곤드레)의 종자발아 및 차광재배 효과 연구(1996, 서종택 외 4)」에 의하면, 고려엉겅퀴의 종자발아촉진을 위해 저장기간에 따른 명암조건별 발아율을 보면 치상 후 3~4일이 지난 후부터 발아하기 시작하여 저온저장기간이 짧을수록 발아율도 낮고 발아기간이 긴 경향이었고, 저온저장일수가 길수록 발아율이 높았다. 또 광조건별로는 암(暗)상태보다 명(明)상태에서 발아율이 높았으며, 특히 60일 이상 저장 시에는 60~80% 이상의 발아율을 나타내었다고 하였다.

필자도 발아에 대해 수차례 시험하였는데, 그 과정에 대하여 서술하여 보았다.

아래와 같은 방법으로 하여 본 결과 발아율이 상당히 높게(90% 이상) 됨을 확인할 수 있었다.

첫째, 전년도에 채종한 엉겅퀴 씨앗을 그릇에 담아 물을 부어 놓으면 뜨는 것(쭉정이)과 가라앉은 것(알찬 씨앗)으로 구분된다. 이때는 쭉정이는 버리고 알찬 씨앗만을 건져서 올이 성긴 무명천이나 삼베 등에 싸서 다시 물에 넣어 2~3일 정도 불린다(시기 : 1월 하순경).

둘째, 충분히 불려진 씨앗을 꺼내어 1일 정도 물기를 완전히 빼준다.

셋째, 물기가 빠진 씨앗을 비닐봉지나 통에 넣어서 꼭 냉동실에 넣어 둔다.

넷째, 3~4일 후에 꺼내어 자동 해동이 되도록 둔다.

다섯째, 완전해동이 되면 105구 트레이에 밑거름을 넣고 씨앗을 1개씩 파종 또는 상토와 혼합하여 모판에 부은 후 살짝 눌러 준 뒤 전열온상된 비닐하우스나 온실 등에 옮기고 보온덮개로 덮어준다 (시기 : 2월 상순경).

여섯째, 파종한 포토에 일 1~2회 분무기로 촉촉이 젖을 정도로 물을 뿌려준다.

일곱째, 보온을 유지시켜 일광이 풍부한 온실에서 오전, 오후에 1번씩 충분히 물을 공급해 주면 2~3주일쯤 후에 발아를 하고 싹이 돋기 시작한다.

여덟째, 씨가 발아되어 치아(稚兒) 상태가 되면 보온덮개를 벗겨 볕을 받게 해준다(저녁에는 덮고 아침에는 벗겨주고를 반복).

아홉째, 떡잎 제외하고 본 잎이 3~4장 올라왔을 때 노지에 이식 한다(시기 : 4월 상, 중순경).

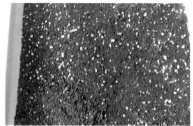

토종엉겅퀴(대계)의 발아에서 정식까지 ①
엉겅퀴 모판직접파종 1일차 모습

토종엉겅퀴(대계)의 발아에서 정식까지 ②
엉겅퀴 모판직접파종 12일차 모습

토종엉겅퀴(대계)의 발아에서 정식까지 ③
엉겅퀴 모판직접파종 14일차 모습

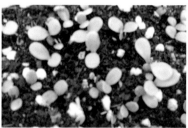

토종엉겅퀴(대계)의 발아에서 정식까지 ④
엉겅퀴 모판직접파종 17일차 모습

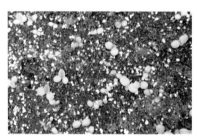

토종엉겅퀴(대계)의 발아에서 정식까지 ⑤
엉겅퀴 모판직접파종 22일차 모습

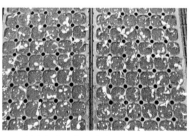

토종엉겅퀴(대계)의 발아에서 정식까지 ⑥
모판직접파종 27일차 엉겅퀴 유모를
포토에 가식한 모습

물만 제때 잘 주면 모종은 절대로 고사하지 않는다.

필자가 실험한바 엉겅퀴를 포함하여 야생의 씨앗을 파종할 때 위에 언급한 방법으로 하면 좋은 모종(포기)을 얻을 수 있다.

토종엉겅퀴(대계)의 발아에서 정식까지 ⑦
포토가식 5일차 엉겅퀴 모습

토종엉겅퀴(대계)의 발아에서 정식까지 ⑧ 포토
가식 10일차 엉겅퀴 모습(이때부터 큰 것은 밭
에 정식 가능함)

밀크시슬의 발아에서 정식까지 ①
모판직접파종 밀크시슬 15일차 발아 모습

밀크시슬의 발아에서 정식까지 ②
모판직접파종 밀크시슬 20일차 모습

밀크시슬의 발아에서 정식까지 ③
포토직접파종 밀크시슬 20일차 모습

밀크시슬의 발아에서 정식까지 ④ 밀크시슬 밭에
정식 모습(본잎이 2~3장 이상 나올 시 가능함)

밀크시슬의 발아에서 정식까지 ⑤
밭에 정식 10일경 밀크시슬의 모습

밀크시슬의 발아에서 정식까지 ⑥
밭에 정식 30일경 밀크시슬의 모습

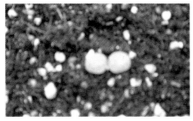

어린 엉겅퀴와 뿌리상태 비교 ①
파종 12일차 떡잎 나온 엉겅퀴

어린 엉겅퀴와 뿌리상태 비교 ② 파종 12일차
떡잎 나온 엉겅퀴 뿌리 길이는 9㎝

어린 엉겅퀴와 뿌리상태 비교 ③ 파종 17일차
본잎 1장 나온 엉겅퀴

어린 엉겅퀴와 뿌리상태 비교 ④ 파종 17일차
본잎 1장 나온 엉겅퀴 뿌리 길이는 13㎝

어린 엉겅퀴와 뿌리상태 비교 ⑤ 파종 22일차
본잎 2장 나온 엉겅퀴

어린 엉겅퀴와 뿌리상태 비교 ⑥ 파종 22일차
본잎 2장 나온 엉겅퀴 뿌리 길이는 17㎝

나. 번식방법

엉겅퀴의 번식에는 여러 방법이 있다. 그중 주로 실생법 또는 분주법을 많이 사용하고 있다. 특히 대량재배 시에는 주로 실생법을 이용하여 번식시키는 것이 실용적이다. 엉겅퀴를 번식시킬 때 야생에서 발아되어 있는 것을 옮겨 키울 수도 있겠으나, 대량재배로 부가가치가 목적이라면 타당치 않을 것이며, 이때는 씨를 수확, 직접 밭에 직파하거나 또는 별도로 발아시켜서 모종으로 밭에 이식하여 키우는 방법이 효과적이라 할 것이다.

1) 실생법

엉겅퀴의 종자를 땅에 파종하거나 직접 발아시켜 이식시키는 방법을 실생법이라 한다. 실생 번식은 씨가 익는 6~9월경에 채종하여 봄(3월 중순~4월 중순)또는 가을(10월 상순~11월 상순)에 직접파종을 하는데, 직파 시에는 1.5m의 이랑 너비에 0.5m로 골을 만들어 흩뿌림이나 줄뿌림을 한다. 단, 가을철에 파종 시는 그냥 노지에 파종 후 덮어준다.

2) 분주법

엉겅퀴의 포기를 나눠서 번식시키는 방법이 분주법이다.

분주번식 시에는 자연생의 포기인 모주에서 발생하는 흡지를 뿌리가 달린 채로 떼어내다가 밭에다 심는 방법도 있으나, 종자를 발아시켜 모종으로 키운 다음 밭의 두둑에 비닐로 피복하고 50~80㎝ 내지 120~150㎝ 간격으로 심어 근주를 양성한다. 2년차에 접어들면 근주포기가 왕성하게 번창한다. 이때에 포기를 갈라서 분주로 사용할 수 있다.

분주대상 엉겅퀴에서 뿌리가 달리게 하나씩 떼어서 분주한다

4.
엉겅퀴의 이식방법 및 장소

가. 이식방법

엉겅퀴의 이식은 보온이 되는 하우스일 경우 3월 하순이나 4월 초중순경에 본 잎이 3~4장 올라왔을 때 미리 준비하여 둔 노지(밭) 등에 본격 정식한다. 노지에 직파하여 나온 모종도 본 잎이 3~4장 일 때 이식을 한다. 정식 후에는 심은 모종에 꼭 물을 흠뻑 준다. 정 식 시 재식거리는 「물엉겅퀴의 엽형 특성과 재배법확립에 관한 연구 (1996, 민기군 외 4)」에 따르면, 경엽 수확이 목적일 시에는 60×45㎝가 가장 효과적이었다고 하였다.

엉겅퀴 노지 재배 전경

나. 정식 장소

미리 정식할 밭 등 장소를 농기계 등으로 깊게 경운한 후 이랑과 고랑을 다듬어 비닐로 피복을 한다.

이것을 순서대로 정리하여 보면 다음과 같다.

① 농기계(관리기, 트랙터 등)를 이용하여 로터리를 한 밭에다 이랑과 골을 만든다. 이때 밑거름으로는 여름에 들이나 산에서 채집한 풀과 늦가을에 채취한 낙엽을 썩혀서 얻어지는 퇴비나 부엽토를 사용하면 좋다.

② 골은 0.5m 넓이로 하고, 이랑은 1.5m 넓이와 30㎝ 정도 높이의 둑으로 하여 비닐 피복을 한다.

③ 재식거리인 포기간격은 엉경퀴의 사용용도에 따라 120~150㎝ 간격으로 모종을 이식(정식형) 또는 70~80㎝ 간격(밀식형)으로 식재한다(씨앗 채취 및 건조약재용으로 수확재배 시 120~150㎝, 효소용 및 즙용으로 조기수확재배 시 70~80

엉경퀴 재식거리 70㎝ : 정식 50일경 모습

㎝). 필자가 다년간 재배, 관찰하여 본 결과 간격과 간격을 120~150㎝로 하는 것은 엉겅퀴의 밑 잎의 길이가 보통 50~60 ㎝이고 큰 것은 70㎝ 정도까지 크므로 서로 잎과 잎이 엉겨 붙는 것과 꽃대줄기의 왕성한 번식으로 위와 같은 간격을 필요로 하기 때문이다.

④ 본 밭에 정식 후 10~15일이 경과하여 본 잎이 5~7잎 정도 되었을 때에는 심은 포기 비닐을 십자로 직경 약 20~30㎝ 간격으로 절개를 해준다. 사유는 성장에 따라 모주에서 흡지가 계속 불어나기 때문이다.

밭에 정식 20일차 엉겅퀴 : 십자 절개 모습

⑤ 엉겅퀴가 본격적으로 성장하기 시작하여 줄기(대)가 약 50㎝ 정도 자랐을 때는 포기 중간에 지주목을 세우고 끈으로 줄을

처서 바람 등에 쓰러짐을 방지한다.

재배 1년차 5월 초순경 시범재배 엉겅퀴 모습

엉겅퀴의 이식 1년차 시범재배 생존 현황(밭에 정식 후 60일 경과)

구분	게	포기 상태			비고
		꽃대 나온 수	꽃대 나오지 않은 수	고사포기 수	
포기수(개) (%)	305 (100)	116 (38)	176 (57)	14 (5)	

엉겅퀴 모종을 본 밭에 정식하면 대략 90% 이상 활착하여 왕성하게 자라지만, 간혹 정식 후 생육 중에 엉겅퀴가 고사되는 것은, 잎의 끝마름병과 뿌리 및 줄기의 썩음병 때문이었는데 필자는 아직 원인을 찾지 못하였다. 특히 물이 잘 빠지지 않고 고여 있는 곳에서의 발생률이 높았다.

5.
엉겅퀴의 수확시기 및 방법

엉겅퀴는 뿌리에서부터 지상부 전체와 열매(씨)에 이르기까지 어느 것 하나 버릴 것이 없는 약초이다. 그리고 엉겅퀴를 재배하는 모든 사람들의 궁금증이 언제 수확을 해야 하는지이다. 그 만큼 가장 중요한 것이 수확시기인 것이다. 다만 수확 시기는 사용용도에 따라 각기 다르다. 사용목적에 따라 즙 및 효소용으로 할 경우와 약재 및 술 담금용으로 할 경우, 그리고 씨를 주목적으로 할 경우 등이 있다. 또한 엉겅퀴의 수확용도를 성장추이를 봐가면서 수확시기를 나눌 수도 있다. 먼저 필자가 재배하여 본 경험을 총괄적으로 서술하여 보고 다음으로 자료 등을 통한 시기와 방법을 서술하고자 하였다.

재배를 한 엉겅퀴의 수확시기를 필자는 채취한 엉겅퀴의 주 활용을 목적에 두고 3단계인 꽃봉오리 생성 전, 꽃이 핀 이후(개화 후), 결실 후로 구분하여 엉겅퀴의 상태, 특징, 사용 부위 및 활용대상 등으로 기술하였다.

가. 수확시기

1) 꽃봉오리 생성 전

이 시기는 엉겅퀴 모종을 밭에 정식한 후 약 30일~50일 정도의 기간 내인데, 이때 엉겅퀴의 생육상태는 줄기(키)는 대략 40~60㎝ 정도로 성장하고 줄기에 난 잎도 보통 20~30㎝ 정도로 성장한다. 토질의 비옥도에 따라서 다소간 크기의 차이가 날 수도 있다. 또 이 시기 엉겅퀴의 전반적인 상태는 뿌리를 포함하여 줄기 등 지상부의 모든 부분이 부드럽고 액(즙)이 많이 나오는 상태이다. 즉 경엽(莖葉) 상태로 모든 부분이 연하고 부드럽다. 또한 이시기에 채취(부분 및 뿌리 포함 전체)된 엉겅퀴의 사용용도로는 갈거나 짜서 즉석으로 먹을 수 있는 즙이나 음료 등으로 사용할 수 있다. 또한 세척, 건조 등을 거쳐 분말 등으로 만들어 국수나 수제비 또는 쿠키 등 과자류의 재료로 활용도 가능하다. 특히 엉겅퀴의 효소로 활용할 시는 부드럽고 즙이 많이 나오므로 이때가 가장 적기라고 생각된다.

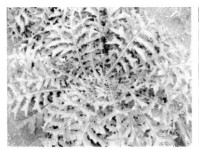 

밭에 정식 후 50일차 엉겅퀴 모습 :   꽃봉오리 생성 전에 수확한 엉겅퀴 모습
녹즙용으로 최적임

2) 꽃이 핀 이후

이 시기는 엉겅퀴 모종을 밭에 정식한 후 약 60일에서 70일 정
도의 기간이며, 이때 엉겅퀴의 생육상태는 줄기(키)는 대략 60~150
㎝ 정도로 성장하고 줄기에 난 잎도 30~60㎝ 정도로 성장을 거의
다 한 상태이다. 이때 엉겅퀴의 전반적인 상태는 대체로 잎을 제외
한 뿌리, 줄기에 심(근육질)이 생기기 시작하여 점점 단단하게 굳어
져 목질화 상태로 변화된다. 그리고 줄기와 줄기, 잎 사이에 속대
가 왕성하게 나오고 꽃들도 만개 상태이므로 꽃의 활용도 가능해
진다. 이 시기에 채취된 엉겅퀴의 사용용도로는 건조 등을 거쳐 분
말 등으로 만들어 기능성식품의 원료나 약재용 등의 재료로 활용
이 가능하고, 꽃이나 잎 등도 차(茶)의 원료로 활용 가능하다. 그리
고 엉겅퀴 꽃으로 술(酒)을 담그는 것도 이 시기인데, 필자는 꼭 꽃

을 건조하여 담그라고 권하고 싶다. 그러면 색이나 향이 더 좋기 때문이다.

엉겅퀴가 왕성하게 성장하고 있다	밭에 정식 후 65일차 엉겅퀴의 만개된 모습

3) 결실 이후

이 시기는 밭에 정식한 후 보통 80일 이후이다. 이때 엉겅퀴의 생육상태는 성장은 거의 끝난 상태이고, 간간이 줄기와 줄기, 잎 사이에 속대가 나오는 정도인데 속대의 활용가치는 그리 높지 않다. 이때부터 본격적인 결실도 되기 때문에 씨앗 수확이 가능하다. 꽃은 일시에 피는 것이 아니고 본대부터 순차적으로 피어난다. 그리고 개화된 순서대로 익으므로 매일 채취를 해야 한다. 이 시기 엉겅퀴의 전반적인 상태는 잎은 아래서부터 말라 시들기 시작하고 줄기는 본

대부터 위에서 아래로 고사되기 시작하며 꽃들도 결실을 맺고 씨를 날려버린 후 씨방이 줄기인 꽃대궁에서 땅으로 떨어져 버린다. 어느 정도 수확이 되면 지상부는 베어내고, 지하부인 뿌리도 바로 캐어 낸다. 이 시기에 채취된 엉겅퀴의 사용용도로는 세척, 건조 등을 거쳐 기능성식품이나 약재 등의 원료나 부속물로 활용이 가능하다. 또한 엉겅퀴주(酒)를 담글 시에는 이 시기에 채취한 것이 가장 적당하며, 재료로는 뿌리와 하부줄기덩이(지상과 지하의 경계 부분)의 건조된 재료가 좋고 또 제일 많이 사용된다.

재배엉겅퀴의 경우, 좀 더 세부적으로 시기를 넣어서 서술하면 보통 밭에 정식 후 60일이 지나면 꽃이 피기 시작하며, 이때부터는 건재용과 씨앗 수확이 가능하고 90일이 지나면 뿌리 수확도 가능하다.

밭에 정식 후 85일차 엉겅퀴의 결실 모습

씨 수확을 주목적으로 할 경우에는 정식 1년차에서는 7월 중순부터 8월 중순까지 가능하고 2년차의 경우에는 5월 하순부터 7월 하순까지 꽃이 피는 순서에 따라 씨앗의 채취가 가능하다. 다음으로 즙 및 효소용으로 사용할 경우는 1년차에서는 5월 중순부터 6월 하순까지 가능하고 2년차에서는 4월 중순부터 5월 하순까지 가능하나 꼭 꽃대(줄기)가 형성되기 전에 채취하여 사용해야 한다.

사유는 이때가 가장 왕성하게 크고 목질화가 진행되지 않아서 즙이나 효소로 담글 시 분해가 잘되기 때문이다. 끝으로 약재 및 술 담금용으로 사용할 경우에는 약재용은 뿌리의 경우 씨앗 채취가 끝난 다음(보통 6월 하순~7월 초순) 바로 지상부는 베어서 건조시키고 지하부는 캐어서 세척 후 건조하여 사용한다. 줄기, 잎, 꽃, 뿌리를 혼합하여 담가도 무방하다.

엉겅퀴의 수확 증대에 따른 연구자료 등을 통한 시기와 방법을 살펴보면, 먼저 고려엉겅퀴의 잎과 줄기 등을 나물 등으로 활용하기 위한 차광재배수확과 관련하여 연구한 「고려엉겅퀴의 종자 발아 및 차광재배 효과 연구(1996, 서종택 외 4)」에 의하면 고려엉겅퀴 차광재배를 하였더니 경엽의 생육 및 엽록소 함량은 차광정도가 클수록 많았으며, 연화도 또한 높아 품질이 매우 우수하였다고 한다. 경엽의 수량 역시 차광을 하지 않았을 때보다 차광망 피복을 했을 때 가장 많았고, 재배기간 경엽수량에 있어서는 2년차 재배 시의 수량이 가장 많았으며 3년차 재배 시에는 수확량이 급격히 떨어지므로 2년차까지 수확을 한 후 모주를 갱신하는 것이 효과적이라고 밝히고 있다. 또한 「피음처리에 따른 고려엉겅퀴와 누룩치의 생리반응(2012, 이경철 외 3)」에 따르면, 피음처리 수준에 따라 엽록소 함량과 엽록소형 광반응, 순양자효율 등이 증가하여 빛의 흡수와 광합성반응에 대한 효율을 높이는 내음성적응반응을 나타내었다. 특히 전광처리구에서 총 엽록소 함량, 엽록소형광반응, 순양자효율, 기공전도도 및 기공증산속도가 비교적 낮았고, 이는 강한 광으로 광저해 현상이 일어나 광합성능력이 저하되는 것으로 볼 수 있다. 따라서 적절한 피음처리를 통해 건전한 생육을 유도하기 위해서는 전광을 약 45~55% 차단시킨 광환경이 효과적이라고 하였다.

재배 2년차 6월 초순경 엉겅퀴의 모습

나. 수확방법

엉겅퀴의 수확 방법은 전술한 바도 있지만 활용도에 따라서 식용, 가공용으로 구분된다. 식용으로는 즉석 즙이나 음료 등의 용도, 효소 등의 용도, 장아찌 등 절임용도, 분말 등 재료용도이다. 가공용으로는 차 등의 원료용, 주류 등의 담금용, 약재재료용, 기능성식품 등의 원료용도로 분류할 수 있다. 식용으로 활용 시에는 엉겅퀴가 연한 상태일 때, 즉 밭으로 정식 후 대략 50일 이내 시기인데, 이때의 수확은 엉겅퀴의 전초(뿌리포함)를 괭이나 낫, 삽, 기계 등을 이용하여 채취한다. 또 가공용으로 활용을 할 시에는 정식 후 50일이 지나 고사되기 전까지의 기간에 낫 등 기계를 이용하여 베거나, 따거나, 캐거나 하는 방법으로 채취하면 된다.

특히 엉겅퀴의 씨를 수확하는 방법에는 엉겅퀴 종류에 따라 방법을 달리해야 하므로 아래에 구분하여 서술하였다.

보통 엉겅퀴는 꽃이 핀 지 6~7일쯤 지나면 결실을 맺는데, 꽃이 핀 순서에 따라 씨도 익어가기 때문에 다른 농작물처럼 일시에 수확하기는 매우 어렵다. 그렇다고 다 익을 때까지 기다리기도 어렵다. 따라서 완전히 익은 것을 한 송이씩 손으로 직접 채취하여야 하기 때문에 노동시간에 비하면 수확을 많이 할 수 없는 어려움도 있다. 엉겅퀴 씨앗의 채취는 보통 오전 8시~오후 3시 중에 하여야 한다. 이때가 집중적으로 결실이 되는 시간이며, 만약 채취시간이나 시기를 놓치면 바람에 다 날아가 버리기 때문이다.

채취 시 꼭 주의할 사항은 필히 가죽 등의 코팅된 장갑을 끼고 작업을 하여야 한다. 엉겅퀴에는 날카로운 가시가 있음을 잊어서는 아니 된다.

단, 우천 시는 수확을 하지 않는다. 우천 시 수확을 하게 되면 씨와 관모가 엉겨 붙어 씨앗을 채취하기가 어렵기 때문이다.

필자가 여러 해 재배하여 본 결과 씨앗의 채취 시기는 재배 2년차의 경우는 6월 초순부터 7월 초순이 최적기이다. 특히 6월 10일부터 6월 20일 사이에는 최상의 알찬 씨앗을 수확할 수 있다. 이유는 본 줄기의 첫 송이와 곁가지의 첫 송이 등이 익는 시기이기 때문이다. 그 시기가 지나면 곁가지 끝의 꽃송이가 익기 시작하는데 꽃송이는 많지만 실제로 채취되는 씨앗의 양은 많지를 않다. 씨 채취 시에 이 점 참고를 권한다.

실리마린이 상대적으로 풍부하다고 알려진 엉겅퀴의 씨를 채취하는 방법은 토종인 엉겅퀴(대계)와 외래종인 지느러미엉겅퀴(비렴)가 다른데 구분하여 각각 자세하게 서술하였다.

1) 토종엉겅퀴 채취 방법

엉겅퀴의 결실은 꽃이 핀 순서대로 익기 때문에 가장 먼저 중심축 줄기의 맨 위 제일 먼저 핀 꽃부터 익기 시작한다. 갈색으로 변한 꽃술이 위쪽으로 살포시 올라온 익은 열매(수과)를 오른손 엄지와 검지와 중지를 이용하여 위쪽으로 살며시 꽃술을 잡아당기면 꽃술에 씨를 달고 뽑혀 나온다.

수확 직전 엉겅퀴 결실 봉오리 모습

토종엉겅퀴 씨 채취 모습 ①

토종엉겅퀴 씨 채취 모습 ②

토종엉겅퀴 씨 채취 후 봉오리의 모습

채취한 토종엉겅퀴 씨 밑의 모습

채취한 토종엉겅퀴 씨의 모습

단, 여물지 않은 열매는 당겨도 뽑혀 올라오지 않는다. 꽃봉오리는 그대로 붙어 있고 잔여 씨앗(꽃술에서 떨어져 남은 것)이 있지만, 봉우리 둘레에 끈적임 때문에 전량수거는 매우 어렵다. 뽑혀 나온 꽃술에 붙어 있는 씨앗은 왼손바닥에 씨를 문질러 털어 통(그릇)에 담고 오른손의 꽃술은 별도 수거 내지 그냥 버린다.

채취한 씨의 분리 모습(좌하 : 쭉정이, 우상 : 알찬 씨앗)

2) 귀화종 특히 지느러미엉겅퀴의 채취 방법

지느러미엉겅퀴의 결실 모습

지느러미엉겅퀴는 완전결실이 되면 관모가 갈색으로 변하면서 꽃술이 위쪽으로 솟아오른다. 이때 솟아오른 익은 꽃봉오리의 꽃술을 가죽장갑 등 코팅된 장갑을 낀 손으로 잡고 잡아당기면 꽃봉오리가 똑 떨어진다. 지느러미엉겅퀴와 같이 씨방에 돌출가시가 있는 종들은 완전결실이 되면 송이가 꽃대궁과 분리가 잘 된다. 익지 않았거나 덜 익은 것은 잘 떨어지지 않는다. 떨어진 꽃봉오리를 왼손으로 잡고 오른손으로 꽃술을 잡아당기면 꽃술이 씨를 달고 뽑혀 올라오는데 씨를 털고 깃털은 별도 수거 내지 그냥 버린다. 지느러미엉겅퀴의 씨는 꽃술에 끌려 모두 나오지를 않고 봉오리 속에 다수가 남아 있으므로 꽃봉오리도 함께 수거하여 햇볕 등에 건조시킨 다음 추출을 한다. 완전 건조된 봉오리는 기계에 넣고 추출을 한다. 이 기계(모형도)에서는 지느러미엉겅퀴 등과 같이 씨방(점액질 성분이 없는)에 돌출 가시가 있는 것만이 가능하다. 그 사유로는 엉겅퀴(大薊) 등은 씨방인 봉오리에 점액질성분으로 씨앗이 봉오리에 붙어버리기 때문이다.

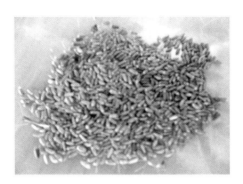

지느러미엉겅퀴의 씨앗 모습

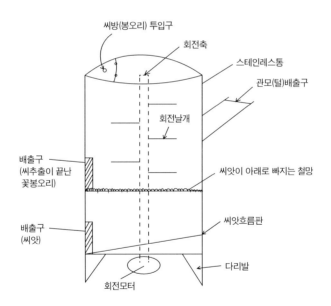

지느러미엉겅퀴 씨 추출기 모형도(필자 직접 고안)

탈곡된 씨앗은 저온(0℃ 이하)에 보관하면 충(蟲)의 피해를 막을 수 있으며, 탈곡하고 남은 씨방과 깃털은 땔감이나 거름으로도 활용 가능하고 또한 깃털은 베갯속 등으로 활용도 가능하다.

씨앗 채취의 애로사항은, 모든 종류의 엉겅퀴 씨는 꽃이 피는 순서에 따라 결실이 되므로 기계로 수확하기가 매우 어렵다는 것이다. 때문에 직접 사람의 손으로 하나하나 수확을 해야 하기에 단번에 많은 수확을 하기 어렵다는 문제가 있다.

엉겅퀴(大薊)의 야생과 재배 비교

2년차 기준(조사기간 : 6월 10일~7월 10일)

구분	야생	재배	비고
본 대수 (포기당)	1~3	15~48	5~18배
곁가지 수	3~6	14~26	2.3~4.3배
꽃봉오리 수 (본대, 곁가지포함)	4~12	36~67	3~5.2배
씨앗수(1송이당)	10~30	90~120	4~9배
알곡과 쭉정이 비율(%)	알곡 : 5~7 쭉정이 : 93~95	알곡 : 40~50 쭉정이 : 50~60	

6.
엉겅퀴의 세척 및 건조, 저장방법

가. 세척 및 건조방법

수확된 엉겅퀴의 지상부(줄기 및 잎 등)는 대략 2~3㎝ 길이로 자르고 꽃과 캐어낸 뿌리도 다듬은 다음 깨끗이 세척을 한 후 완전 건조시킨다. 산채류의 세척과 건조 및 저장방법에 대해 기술된 농촌진흥청의 「산채류 재배(2013)」에 따르면, 세척하는 방법에는 침지세척법, 교반세척법, 살수세척법이 있고 건조방법에는 자연건조, 인공건조, 기타 등이 있다. 그리고 저장방법에는 저온저장, 냉동저장, 건조저장 등 방법이 있는데, 활용도에 따라 선택하면 될 것이다.

엉겅퀴 세척방법으로는 단순히 흙 등 이물질을 제거할 수 있는 살수세척법이 가장 적당할 것 같다. 그리고 요즈음 연구되고 있는, 과학적으로 세척과 살균을 동시 실행할 수 있는 '플라즈마세척법'이 약초나 농산물 등에 대한 미래의 세척방법을 제시하고 있다.

다음으로 엉겅퀴의 상품과 관련하여 매우 중요한 것이 건조(乾燥)인데, 건조방법으로는 자연건조와 인공건조방법이 있다. 자연건조는 보통 태양열, 기류 등 자연환경을 이용하는 방법으로 비용은 적게 드나 자연조건에 지배되며 건조시간이 길고 인력이 많이 소요된다. 이에는 햇볕에 직접 말리는 양건법과 그늘에서 말리는 음건법이 있다. 일반적으로 양건법은 열매(씨앗)를 건조할 때 활용하고 잎이나, 줄기, 꽃, 뿌리 등은 하지 않는 것이 좋다. 사유는 탈색이 되어 상품가치가 떨어질 수가 있기 때문이다. 인공건조방법에는 열풍건조와 진공 동결건조가 있는데, 식물체인 엉겅퀴는 열풍건조가 적당하다고 본다. 열풍건조는 재료를 건조기에 넣고 가열된 공기를 강제적으로 송풍기로 불어 건조시키는 방법인데, 채취하여 손질한 엉겅퀴를 열풍건조기에 넣고 60~70℃ 온도로 약 7~8시간 건조시키면 된다. 그리고 진공 동결건조는 재료를 얼린 다음 그 상태를 유지하면서 진공상태에서 공기 중의 수증기압과 얼음의 수증기압의 차이로 인한 승화로 건조시키는 방법으로 곤충 등 생물들의 건조에 적당하다고 한다.

세척이 끝난 생즙용 엉겅퀴

약재가공용으로 건조된 엉겅퀴

특히 엉겅퀴를 차(茶)로 활용할 시에는 엉겅퀴를 세척 후 적당한 크기로 절단한 후 절대로 삶거나 데치지 말고 솥이나 찜 기에 수증기로 쪄서 건조시킨다. 이렇게 쪄서 건조시키기를 반복(7~9회)하면 엉겅퀴의 가시 등도 매우 부드러워지고 향기도 더 짙게 배어나온다. 엉겅퀴는 덖지 말고 꼭 쪄서 말리는 것을 권장하고 싶다. 그리고 찔 때에는 끈적임이 있는 꽃이 활짝 핀 꽃송이는 제외하는 것이 좋다. 제외 사유는 꽃송이를 쪄서 말리면 다 부풀어 올라 꽃송이의 형태가 나타나지 않기 때문이다. 꽃송이로 차를 만들 경우에는 반드시 덜 핀 꽃송이를 채취하여, 수증기에 살짝(약 3~5분) 찐 후 건조하면 원형 그대로의 형태로 차를 즐길 수 있다. 또한 꽃차용으로는 씨 수확이 적은 곁가지에서 피어나는 꽃으로 활용하면 매우 좋다.

나. 저장방법

엉겅퀴의 저장방법에서는 선도유지를 필요로 할 때에는 저온저장을 하고 보통은 건조저장을 많이 선호하고 있다. 수분을 제거하여 건조된 엉겅퀴를 진공포장하여 저장을 하면 장기간 저장을 할 수 있을 뿐만 아니라 상품적 가치를 높이는 방법이기도 하다. 저장의 안정성을 연구한 「고려엉겅퀴 주정추출물의 안정성 조사(2016, 이진하 외 7)」에 따르면, 산성(pH4.0)과 중성(pH7.0) 조건에서 저온(4℃)저장 시 안정성을 최적화할 수 있다고 하였다. 그리고 농촌진흥청에서 작성한 「산채의 가공」에 따르면, 통·병조림 제조에 있어서 용기는 주로 양철통과 유리병을 사용하나 최근에는 알루미늄용기, 플라스틱용기가 일부 사용된다고 한다. 통조림에 사용되는 양철통은 흔히 '식관'이라 불리는데, 그 대표적인 것으로는 둥근 모양의 이중 권체통이 주로 사용되며 그밖에 각관, 타원관 등이 있다. 병조림용 유리병은 입구의 크기에 따라 세구병과 광구병 등이 있는데, 전자는 주로 액체시료에 쓰이고 후자는 채소, 잼 등의 고형물이나 반액체용으로 널리 사용된다고 하였다.

7.
엉겅퀴의 병과 충의 예방

엉겅퀴의 재배에 있어 소량을 재배하든 다량을 재배하든 간에 무엇보다도 중요한 것이 병충해의 예방과 방제이다. 대부분의 야생 산채류는 숙근성이어서 일단 병해충이 발생되면 재배기간 동안 그 피해가 지속되면서 해가 거듭될수록 그 피해가 질적, 양적으로 심해진다는 점이다. 엉겅퀴 등 작물의 병원과 해충은 종류가 많으며, 다수확재배에서는 그 피해도 막대할 뿐만 아니라, 병충해의 발생부위, 피해양상, 전염과 전파의 양식, 발생의 요인 등은 종류에 따라서 다르다.

방제방법으로는 경종적방제법, 생물학적방제법, 물리적 또는 기계적방제법, 화학적방제법 등이 있다.

병해는 어떤 지속적인 자극에 의하여 식물의 영양, 생장 및 생식의 기능이 나빠지는 과정을 뜻하며, 즉 식물이 건전한 생육을 보이지 않는 것을 병이라 말할 수 있다. 아직까지 특별한 방제방법이 나온 자료는 찾지를 못하였다.

또 충해는 해충이 식물체의 각 부위, 특히 줄기 속 및 잎 뒷면 등에 기생하며 식물의 생장을 방해하거나 고사를 시키기도 하는 피해를 말한다. 엉겅퀴 충해방제약재의 안전성에 대한 자료인 「소(小)면적 재배작물 고려엉겅퀴 중 Acetamiprid 및 Sulfoxaflor의 잔류 특성(2016, 박정은 외 2)」에 따르면, 고려엉겅퀴를 포함한 전체 작물의 추천 MRL 적용 시 식이섭취에 따른 안전성을 확인하였다고 하였다. 살충제로서는 1980년대에 개발되어 신경세포의 과도한 반응이나 기능차단을 통해 충을 마비시켜 사망케 하는 '네오니코노이드'계 살충제가 현재는 많이 사용되고 있기도 하다. 그러나 산채(山菜)류 병해충의 종류 및 피해수준의 연구가 최근 몇 년 사이에 조금씩 연구되어지고 있으나 아직까지는 미흡한 실정이다.

필자의 경험담을 약술하여 보았다. 엉겅퀴 줄기와 잎에 기생하는 진딧물에 계피껍질을 달여 그 달인 물을 해당부위에 살포하였더니 진딧물이 많이 없어지는 것을 확인하였다. 이는 진딧물 등 곤충들이 싫어하는 계피 특유의 향(냄새) 때문이 아닌가 생각된다. 따라서 곤충들의 기피제로 활용이 가능할 것이다. 그리고 약제방제를 실시하러 해도 산채류 등 약용식물은 청정무공해농산물이라는 소비자의 인식과, 등록된 적용약제도 거의 없는 실정이어서 약제를 이용한 방제는 실질적으로 어려운 현실이다. 향후 천연물을 활용한 방제연구의 필요성은 재배농민이라면 대부분 느끼고 있는 것도 현실이다. 친환경 약제 개발을 기대해본다.

8.
엉겅퀴의 대량재배는 가능한가?

엉겅퀴의 대량재배를 하려면 어떻게 하여야 할까? 아직까지 우리나라에서는 엉겅퀴 대량재배를 하는 곳과 대량재배 관련 자료가 없기에, 기존에 나와 있는 산채의 재배와 견주어 서술하여보았다.

우리나라 산채의 재배면적은 해마다 증가하는 추세에 있는데, 2010년도 기준으로 약 1만 1천여ha 정도라 한다. 이는 전년도에 비하여 약 10% 정도 증가한 것이며, 이 중 약 88% 정도가 노지재배이고, 나머지가 비가림이나 하우스 등 시설재배라고 한다. 이런 산채 재배의 증가요인은 산림의 변화와 자연산 채취량의 감소로 인한 것, 그리고 산채가 몸에 아주 좋은 건강식품이라는 인식의 전환이라고 할 수 있다. 그리고 또 아직까지는 대부분 재배가 용이하고 병충해에 강해 경영비가 적게 드는 것과, 농약을 거의 사용하지 않는 저공해농산물이라는 인식이 재배의 증가요인이라고 볼 수 있다. 또한 최근 다른 사람이 재배하지 않는, 비교적 소득이 높은 새로운 작목으로 선택이 늘어가고 있는 점이 재배가 확산되고 있는 요인 중의 하나가 아닌가도 생각된다. 엉겅퀴는 보통 2년생 초이기 때문에 한번 파종하면 2년 동안은 수확이 가능하므로 타 농작물보다 노동력 등을 적게 들이고도 고소득을 올릴 수 있는 약초(藥草)이다.

필자는 엉겅퀴 재배 관련하여 우선 개발에 소외되거나 상대적으로 낙후된 지역에서 대량재배하기를 권하고 싶다. 이는 산채와 약초 등을 활용한 가공 등 연구를 거쳐 특색 있는 관광 식약품으로 특화, 개발한다면 수출상품으로의 발전도 가능성이 무궁하다고 보기 때문이다.

대량재배를 하기 위해서는 먼저 확보된 토지에 재식하기 1개월 전에 퇴비 및 유기질비료와 고토석회를 밑거름으로 전면에 뿌려주고 깊게 밭갈이를 하여야 한다. 보통 엉겅퀴가 생장하는 곳에는 일반 잡초가 크지를 못하므로 관리도 타 작물에 비하면 쉽게 할 수 있다.

필자가 시험재배를 하였던 엉겅퀴 밭의 전경

필자가 실험을 하기 위해 2년생 엉겅퀴를 채취하고 있다

노지엉겅퀴 농장 전경

이것이 엉겅퀴다(This is Thistle)

엉겅퀴의 대량재배를 할 경우에는 비닐하우스 재배나 노지재배를 하여야 하는데, 노지재배의 경우에서도 비가림시설, 병충해 예방 등 생육조건을 개선할 시에 더 많은 수확량을 확보할 수 있을 것이다. 연구결과 또한 온실 등에서 수경재배(연한 식물체를 샐러드나 장아찌 용도로 이용 시)도 연구해 볼 가치가 있으며, 보통 밭에 정식 후 45일~60일 정도 경과하면 활용이 가능하므로 이때에는 년중 생산도 가능하리라고 본다. 농촌진흥청 전라북도농업기술원의 「가시엉겅퀴 재배체계 확립 및 가공이용 상품화연구(2015, 김창수)」에 자세한 사항의 자료가 있다. 필요한 독자들은 참고하시기 바란다. 20여 년 전인 1995년경의 이야기다. 독일의 과학자들이 혈압치료제를 개발, 연구하던 중에 엉겅퀴에 그 중요한 성분이 있다는 것을 밝혀냈고, 독일의 제약회사에서 간경화증 원료로 엉겅퀴를 사용하고 있었다 한다. 때마침 독일에 선교사로 가 있던 『사랑하며 함께 걷는 길』 저자인 우리나라의 김진홍 목사가 그 사실을 알고 '우리 한국에는 그런 풀(엉겅퀴)이 사방에 지천으로 널려 있다'고 말했다 한다. 그 말을 들은 그 과학자들이 국내에 들어와서 우리 토종엉겅퀴를 채취하여 분석해 보니, 자기네 나라 것보다 매우 우수하더란 것이다. 그들 말을 빌면 '한국에서는 엉겅퀴만 키워도 엄청난 돈을 벌 수 있는데 왜 이렇게 뽑아서 버리느냐'고 의아해했다고 한다.

한번쯤 음미해 봄이 어떨까?

마지막으로 필자는 가끔 매우 엉뚱한 생각을 하곤 한다. 그 엉뚱한 생각이란?

　고령화, 이농 등으로 인해 손길이 닿을 수 없어 부가가치가 없는 시골천수답 등에 다른 곡식 등의 재배가 어렵거나 척박해서 농작물이 되지 않는 삿갓배미다랑이 논밭이 산재해 있는 농산촌의 개골 전부에 엉겅퀴를 심는 꿈이다. 아마도 한두 포기 있을 땐 모르는, 매우 아름답고 화려한 장관을 이룰 것이다. 자연도 전혀 훼손되지 않는 환경친화적인 생태가 조성될 것이고, 또 그러면 전국의 사진애호가들이 집결할 것이고, 음식점, 숙박 등 그로 인한 주변의 부가창출도 당연히 눈에 환히 그려진다. 따라서 오지 농촌이나 산촌 등에 재배를 권장하고 싶다. 그리고 또 도심 주변도 가능하다. 강을 끼고 있는 대부분의 도시에서 정비사업 등으로 인해 퇴적된 마사토성분이 많은 강변의 고수부지 등에 조경 또는 친환경약재용 등으로 식재 시 매우 유익할 것으로 생각된다. 따라서 친환경의 엉겅퀴 심기를 강력 추천하여 본다.

인용 및 참고문헌

서적(연도순)

○ 이창복, 우리나라의 식물자원, 서울대 논문집(20:89-229), 1969

○ 농촌진흥청, 한국의 자생식물(초본류), 1989

○ 강원도, 강원의 토종 동식물, 1995

○ 농촌진흥청호남농업시험장, 구황식물도감(원색), 농촌진흥청, 1996

○ 한국사전연구사편집부, 간호학대사전, 서울, 대한간호학회, 1996

○ 김태정, 쉽게 찾는 우리약초, 서울, 현암사, 1998

○ 농림부, 국내의 미활용식물자원으로부터 신규항산화물질 탐구, 1999

○ 지형진, 조원대, 김충회 공저, 한국의 식물역병, 농촌진흥청, 2000

○ 세화편집부, 화학대사전, 서울, 세화출판사, 2001

○ 김진홍, 사랑하며 함께 걷는 길, 서울, 한길사, 2002

○ 크렌, 윤수현 옮김, 한국의 야생화 이야기, 서울, 민속원, 2003

○ 이유미, 한국의 야생화, 서울, 다른세상, 2003

○ 강병화, 약과 먹거리로 쓰이는 우리나라 자원식물, 서울, 향문사, 2003

○ 식품의약품안전처, 건강기능식품의 원료 및 성분의 DB구축, 2003

○ 박민희, 성환길, 장광진 공저, 약용식물의효능과 재배법, 서울, 문예마당, 2004

○ 김무열, 한국특산식물, 서울, 솔과학, 2004

○ 피더커, 심연희 옮김, 엉겅퀴 수프, 서울, 홍익출판사, 2005

○ 이우철, 한국식물명의 유래, 서울, 일조각, 2005

○ 최양수, 산야초로 만드는 효소 발효액, 서울, 하남출판사, 2005

○ 고경식, 전의식 공저, 한국의 야생식물, 서울, 일진사, 2005

○ Andrew Weil, 김옥분 옮김, 자연 치유, 서울, 정신세계사, 2005

○ 이영도, 한국식물도감, 서울, 교학사, 2006

○ 전동명, 우리 몸에 좋은 야생초 이야기, 서울, 화남출판사, 2007

○ 김태정, 한국의 야생화, 서울, 교학사, 2007

○ 농촌진흥청, 자원식물도감(우리나라산야), 호남농업연구소, 2007

○ 오병운, 국립수목원 공저, 한반도관속식물분포도, 산림청, 2007

○ 농림부, flavonoids 함유 엉겅퀴속 및 향유속자생식물을 이용한 월경전 증후군 및 항우울효과 식품소재개발에 관한 연구, 2007

○ 정일화, 야생정영엉겅퀴재배기술및가공식품개발, 무주농업기술센타, 2007

○ 강영희, 생명과학대사전, 서울, 도서출판 여초, 2008

○ 전라남도, 틈새·소득작물재배 길잡이, 전라남도농업기술원, 2008

○ 김태정, 신재용 공저, 우리약초로 지키는 생활 한방, 서울, 이유출판사, 2009

○ 박수현, 한국의 귀화식물, 서울, 일조각, 2009

○ 국립수목원, 한반도 민속식물, 2009

○ 김종만, 천연물질을 이용한 동물 질병의 예방치료, 국수과연, 2009

○ 농촌진흥청, 천연작물보호성분, 농촌진흥청국립농업과학원, 2009

○ 정연옥 외 3, 야생화도감, 서울, 푸른행복, 2010

○ 농림수산식품부, 정선군특산오가자와 고려엉겅퀴를 활용한 주류, 음료개

발 및 생리활성연구, 2010

○ 국립수목원, 약용식물, 서울, 지오북출판, 2010

○ 농촌진흥청, 구황방 고문헌 집성, 2010

○ 환경부, 한국의 주요 외래식물 2, 환경부국립환경과학원, 2010

○ 전라남도, 틈새소득약용작물재배기술, 전라남도농업기술원, 2010

○ 유동현 외 4, 가시엉겅퀴재식밀도별생육및수량비교, 전북농업기술원, 2011

○ 이종은, 한국의 곤충, 국립생물자원관(제12권6호), 2012

○ 김원배 외 10, 산채류 재배, 농촌진흥청, 2013

○ 김종원, 한국식물생태보감, 서울, 자연과생태, 2013

○ 농림축산식품부, 한국약선음식재료의 항산화 및 면역강화기능성비교연구와 이를 이용한 한식상차림메뉴개발, 2013

○ 이창복, 원색대한식물도감, 서울, 향문사, 2014

○ 김창민 외 4, 한약재감별도감, 서울, 아카데미서적, 2014

○ 오현식, 산에가면 산나물 들에가면 들나물, 서울, 도서출판 논장, 2014

○ 김세원 외 4, 고려엉겅퀴(곤드레)비료사용량 설정, 강원도농업기술원, 2015

학술자료(연도순)

○ 한국산 소계, 대계의 생약학적 연구(제1보), 유승조, 성균관대학교 논문집 제9권, 1964, pp. 331~341

○ 엉겅퀴의 성분연구, 지옥표, 이성규, 이용주, 생약학회지 제5권 제2호, 1974, p. 137

○ 엉겅퀴의 Tritorpenoid에 대해서, 이용주, 이성규, 생약학회지 제5권 제4호, 1974, p. 230

○ 한국산 큰엉겅퀴에서 Cirsimarin의 분리 및 확인, 윤혜숙, 장일무, 한국생

약학회지 제9권 제3호, 1978, pp. 145~147

○ 엉겅퀴 꽃의 성분 연구, 이용주, 유승조, 이병욱, 한국생약학회지 제12권 제1호, 1981, p. 73

○ 바늘엉겅퀴의 Flavonoid성분 연구, 김창민, 오태현, 제주대학교 논문집, 1983, pp. 125~128

○ Cirsium속 식물의 성분연구(V), 가시엉겅퀴지하부의 성분, 이용주, 박용훈, 한국생약학회지 제15권 제2호, 1984, pp. 74~77

○ 한국산 Cirsium속 식물의 생약학적 연구(II)고려엉겅퀴의 형태, 유승조, 곽종환, 한국생약학회지 제19권 제1호, 1988, p. 88

○ 건강식품의 허와 실에 관한 연구, 채범석, 한국소비자보호원, 소비생활연구 제5호, 1990, pp. 1~8

○ 국화과(초롱꽃목 : 쌍자엽식물아강)의 잡초 가해 곤충, 추호열, 우건석, Patrick J. Shea, 박영도, 한국응용곤충학회지 제31권 제4호, 1992, pp. 509~515

○ 쓰임새 많은 자원식물 엉겅퀴, 정찬조, 한국자생식물보존회, 산야초의 슬기로운 이용법 제16권, 1993, p. 372

○ 물엉겅퀴 지상으로부터 Pectolinarin의 분리, 도재철, 정근영, 손건호, 생약학회지 제25권 제1호, 1994, pp. 73~75

○ 엉겅퀴에서 Flavone 배당체의 분리, 박종철, 유영법, 임상선, 이종호, 한국생약학회지 제25권 제1호, 1994, pp. 96~97

○ 흰바늘엉겅퀴로부터의 플라보노이드, 이환배, 곽종환, 지옥표, 유성조, Archives of Pharmacal Research 제17권 제4호, 1994, pp. 273~277

○ 엉겅퀴 지상부에서 분리한 후라본 배당체 및 생리활성, 박종철, 이종호, 최종원, 한국영양식량학회지 제24권 제6호, 1995, pp. 906~910

○ 유용 자원 식물의 진균성 신병해 (II), 신현동, 한국식물병리학회지 제11권 제2호, 1995, pp. 120~131

○ 고려엉겅퀴(곤드레)의 종자발아 및 차광재배 효과 구명, 서종택, 유승열,

김원배, 최관순, 김병현, 한국자원식물학회지 제9권 제2호, 1996, pp. 151~156

○ 물엉겅퀴의 엽형특성과 재배법 확립에 관한 연구, 민기군, 김상국, 이승필, 남명숙, 최부술, 한국자원식물학회지 제9권 제2호, 1996, pp. 165~170

○ 산채류를 이용한 음료 개발에 관한 연구, 함승시, 이상영, 오덕환, 김상헌, 홍정기, 한국식품영양과학회지 제26권 제1호, 1997, pp. 92~97

○ 엉겅퀴지상부의 심혈관 작용활성 및 후라본 배당체의 분리, 임상선, 이종호, 박종철, 한국식품영양과학회지 제26권 제2호, 1997, pp. 242~247

○ 쑥 및 엉겅퀴가 식이성고지혈증 흰쥐의 혈청지질에 미치는 영향, 임상선, 한국영양학회지 제30권 제1호, 1997, pp. 12~18

○ 쑥 및 엉겅퀴가 식이성고지혈증 흰쥐의 심혈관계에 미치는 영향, 임상선, 한국영양학회지 제30권 제3호, 1997, pp. 244~251

○ 쑥 및 엉겅퀴가 식이성고지혈증 흰쥐의 간기능체지질 및 담즙산 농도에 미치는 영향, 임상선, 김미혜, 이종호, 한국영양학회지 제30권 제7호, 1997, pp. 797~802

○ 엉겅퀴에서 분리정제한 Silymarin 및 Silybin의 지질과산화에 대한 항산화효과, 이백천, 박종옥, 류병호, 한국식품위생안전성학회지 제10권 제1호, 1997, pp. 37~43

○ 엉겅퀴에서 분리 정제한 Silybin의 사람 Low Density Lipoprotein에 대한 항산화 효과, 이백천 외 4, 한국식품위생안전성학회지 제12권 제1호, 1997, pp. 1~8

○ 고려엉겅퀴 및 컴프리를 이용한 양조간장의 개발, 강일준, 함승시, 정차권, 이상영, 오덕환, 최근표, 도재준, 한국식품영양과학회지 제26권 제6호, 1997, pp. 1152~1158

○ 지칭개, 구절초 및 산국에서 분리한 Sesquiterpene lactones의 항균활성, 장대식 외 6, 한국농화학회지 제42권 제2호, 1999, pp. 176~179

○ 저온습윤 및 변온처리가 자생식물의 종자발아에 미치는 영향, 강치훈, 김두환, 한국자원식물학회지 제13권 제3호, 2000, pp. 202~207

○ 바늘엉겅퀴의 노르이소프레노이드 성분, 정애경 외 10, 생약학회지 제33권 제2호, 2002, pp. 81~84

○ 국화과 약용식물의 면역증진활성 검색, 이미경, 문형철, 이진하, 김종대, 유창연, 이현용, 한국약용작물학회지 제10권 제1호, 2002, pp. 51~57

○ 고려엉겅퀴의 생리화학적 구성요소와 사람 암세포주에 대한 세포 독성, 이원빈 외 6, 대한약학회지 제25권 제5호, 2002, pp. 628~635

○ 지칭개(Hemisteptia lyrata) 꽃의 성분연구(II), 하태정 외 5, 한국생약학회지 제33권 제2호, 2002, pp. 92~95

○ 자생 뻐꾹채 분포와 자생지의 생태적 특성에 관한 연구, 안영희, 최광율, 원예과학기술지 제20권 제2호, 2002, pp. 130~137

○ 엉겅퀴추출물의 항산화성, 항돌연변이원성 및 항암활성 효과, 이희경, 김주성, 김나영, 박상언, 김명조, 유창연, 한약작지 제11권 제1호, 2003, pp. 53~61

○ 지칭개(Hemistepa lyrata Bunge)꽃에서 얻은 세스퀴터펜락톤의 세포독성효과, 하태정 외 9, 대한약학회지 제26권 제11호, 2003, pp. 925~928

○ 엉겅퀴잎 추출물 및 잔유물의 Allelopathy 효과, 천상욱, 한국잡초학회지 제24권 제2호, 2004, pp. 79~86

○ 울릉엉겅퀴의 식물 화학적 성분연구, 이종화, 이강도, 한국생약학회지 제36권 제2호(통권141호), 2005, pp. 145~150

○ 고려엉겅퀴, 정영엉겅퀴 및 동래엉겅퀴의 분류학적 실체 검토, 송미장, 김현, 한국식물분류학회지 제35권 제4호, 2005, pp. 227~245

○ 나물용 엉겅퀴의 근권에서 Arbuscular 균근균의 분포, 조자용, 허북구, 양승렬, 한국유기농업학회지 제13권 제2호, 2005, pp. 197~209

○ 울릉도산 산채류추출물의 총 폴리페놀함량 및 항산화 활성, 이승욱 외 4, 한국식품과학회지 제37권 제2호, 2005, pp. 233~240

○ 엉겅퀴의 건강기능성 및 그 이용에 관한 연구, 엄혜진, 김건희, 식물자원 연구소 논문집 제4권, 2005, pp. 97~111

○ 한국산 엉겅퀴군(국화과)식물의 수리분류학적 연구, 송미장, 김현, 한국식 물분류학회지 제36권 제4호, 2006, pp. 279~292

○ 부위별 고려엉겅퀴의 이화학적 성상 및 항산화 활성 효과, 이성현 외 6, 한국식품과학회지 제38권 제4호, 2006, pp. 571~576

○ ICR 생쥐에서 엉겅퀴 잎 추출물의 항우울 효과, 박형근 외 8, 대한약학회 지 제50권 제6호, 2006, pp. 429~435

○ 우유엉겅퀴의 항산화 특성에 대한 식물화학적 분석, Pendry Barbara 외 2, Oriental Pharmacy and Experimental Medicine 제6권 제3호, 2006, pp. 167~173

○ 엉겅퀴 추출물이 종양면역에 미치는 영향, 박미령 외 5, 대한한의학회지 제27권 제4호, 2006, pp. 30~47

○ 산비장이를 이용한 직물의 천연염색, 황보수정, 정양숙, 배도규, 한국자원 식물학회지 제48권 제2호, 2006, pp. 46~56

○ '엉겅퀴' 관련어휘의 통시적 고찰, 장충덕, 한국국어교육학회, 새국어교육 제77호, 2007, pp. 583~600

○ 플라보노이드함유 엉겅퀴를 이용한 기능성 다류 개발, 정미숙, 엄혜 진, 김재광, 김건희, 한국식생활문화학회지 제22권 제2호, 2007, pp. 261~265

○ 외부형태형질에 의한 한국산엉겅퀴속(Cirsium Miller)의 분류학적 연구, 송 미장, 김현, 한국식물분류학회지 제37권 제1호, 2007, pp. 17~40

○ 고려엉겅퀴 추출물의 사람 섬유아세포에 있어서 자외선으로 유도된 MMP-1발현 저해와 피부 탄력 개선 효과, 심관섭 외 5, 대한화장품학회 지 제33권 제3호, 2007, pp. 181~187

○ 대계와 실리비닌의 mouse BV2 Microplial Cells에서 lipopolysaccha- ride에 의해 유발된 염증 반응에 대한 신경 효과, 여현수, 김동우, 전

찬용, 최유경, 박종형, 대한한방내과학회지 제28권 제1호, 2007, pp. 166~175

○ 선정된 한국산엉겅퀴의 상대적항산화작용과 HPLC 프로필, 정다미, 정현아, 최재서, 대한약사회지 제31권 제1호, 2008, pp. 28~33

○ 엉겅퀴 액상추출물로 인한 게놈에스트로젠 수용경로의 조절에 관한 연구, 박미경 외 5, 대한약사회지 제31권 제2호, 2008, pp. 225~230

○ 한국 미기록 귀화식물 : 사향엉겅퀴와 큰키다닥냉이, 이유미, 박수현, 양종철, 최혁재, 한국식물분류학회지 제38권 제2호, 2008, pp. 187~196

○ 엉겅퀴 추출물 실리마린의 피부미백 효과, 추수진 외 9, 대한화장품학회지 제35권 제2호, 2009, pp. 151~158

○ 자생 엉겅퀴의 부위별 기능성성분 항산화 효과, 김은미, 원선임, 한국식품조리과학회지 제25권 제4호, 2009, pp. 406~414

○ 한라산 특산 식물 바늘엉겅퀴, 한라개승마, 현진오, 산림조합중앙회, 산림통권523호, 2009, pp. 50~52

○ 식용 고려엉겅퀴 추출물의 항염증 효과와 HPLC분석, 이성현, 정미정, 허성일, 왕면현, 한국응용생명화학회지 제52권 제5호, 2009, pp. 437~442

○ 엉겅퀴섭취가 Streptozotocin유발 당뇨흰쥐의혈당과 지질수준에 미치는 영향, 한혜경, 제희선, 김건희, 한국식품과학회지 제42권 제3호, 2010, pp. 343~349

○ 고려엉겅퀴의 HPLC 패턴 비교 및 미백활성 연구, 허선정, 박은영, 안미자, 장아름, 양기숙, 황완균, 대한피부미용학회지 제8권 제4호, 2010, pp. 1~9

○ Mycobacteria에 대해 항균력을 나타내는 엉겅퀴의 분류를 위한 ITS1, 5.8S rRNA, ITS2의 염기서열 분석, 배영민, 한국생명과학회지 제20권 제4호, 2010, pp. 578~583

○ 고려엉겅퀴 잎조직을 이용한 callus 배양 및 항산화 활성검증, 박정훈, 심예지, 박기임, 이인순, 문혜연, 한국산업기술연구학회지 제21권 제1호,

2010, pp. 7~13

○ 엉겅퀴부위별 추출물의 항산화 및 항염증효과, 목지에 외 8, 대한본초학
회지 제26권 제4호, 2011, pp. 39~47

○ 엉겅퀴추출물 및 분획물의 항위염 및 항위궤양 효과에 대한 연구, 이유
미, 황인영, 이은방, 정춘식, 약학회지 제55권 제2호, 2011, pp. 160~167

○ 사자발쑥과 고려엉겅퀴추출물의 항산화 및 간암세포 활성효과, 김은미,
동아시아식생활학회지 제21권 제6호, 2011, pp. 871~876

○ 고지방 식이로 유도된 비만 쥐에서 실리빈(Silybin)이 체중 및 내당 능에
미치는 영향, 허행전, 황진택, 한국생물공학회지 제26권 제1호, 2011,
pp. 78~82

○ ERK 및 P38mapk 경로를 통해 지느러미엉겅퀴 메탄올 추출물의 지방
세포분화 억제, 이은정 외 3, 한국생약학회지 제17권 제4호, 2011, pp.
273~278

○ 고려엉겅퀴의 페놀성 물질에 대한 고성능 액체 크로마토그래피분석의 타
당성 검증 및 활성 성분 Pectolinarin의 진정 효과, Nugroho Agung
외 5, Natural Product Sciences 제17권 제4호, 2011, pp. 342~349

○ RAW 264.7 세포에서 NF-KB 활성억제로 LPS-유도 염증반응을 저해하
는 엉겅퀴 유래 폴리아세틸렌 화합물, 강태진, 문정선, 이숙연, 임동술,
한국응용약물학회지, 제19권 제1호, 2011, pp. 97~101

○ 큰방가지똥 추출물의 항당뇨 및 항고혈압 효과, 허명록, 왕란, 허계방, 왕
명현, 생약학회지 제42권 제1호 통권164호, 2011, pp. 61~67

○ 국내 자생 엉겅퀴 추출물의 항산화 성분 및 활성, 장미란, 홍은영, 정재
훈, 김건희, 한국식품영양과학회지 제41권 제6호, 2012, pp. 739~744

○ 국내에 자생하는 큰엉겅퀴와 고려엉겅퀴의 분자유전학적 및 화학적
분석, 유선균, 배영민, 한국생명과학회지 제22권 제8호, 2012, pp.
1120~1125

○ 엉겅퀴 뿌리 및 꽃 추출물의 간 성상세포 활성 억제 효과, 김상준 외 8,

한국생약학회지 제43권 제1호, 2012, pp. 27~31

○ 엉겅퀴 70% 에탄올추출물의 RAW264.7 세포에서 Heme oxygenase-1 발현을 통한 항염증 효과, 이동성 외 7, 한국생약학회지 제43권 제1호, 2012, pp. 39~45

○ 엉겅퀴 잎 및 꽃 추출물이 정상인적혈구와 혈장의 산화적 손상에 대한 보호효과, 강현주 외 8, 한국생약학회지 제43권 제1호, 2012, pp. 66~71

○ 곤드레 첨가량, 저장기간에 따른 곤드레 개떡의 품질 특성, 임혜은, 여희경, 장서영, 한명주, 한국식생활문화학회지 제27권 제4호, 2012, pp. 400~406

○ 곤드레 첨가량을 달리한 곤드레 두부의 저장기간에 따른 품질 특성, 장서영, 송지혜, 곽윤서, 한명주, 한국식생활문화학회지 제27권 제6호, 2012, pp. 737~742

○ 피음처리에 따른 고려엉겅퀴와 누룩치의 생리반응, 이경철, 노희선, 김종환, 한상섭, 한국생물환경조절학회 제21권 제2호, 2012, pp. 153~156

○ 중년남성들의 복합운동과 엉겅퀴추출물 섭취가 산화적스트레스, 항산화능력 및 혈관염증에 미치는 영향, 김남익, 한국스포츠학회지 제10권 제4호, 2012, pp. 415~425

○ P-V곡선을 통한 누룩치, 고려엉겅퀴, 병풍쌈의 내건성 평가, 이경철, 한상섭, 한국약용작물학회지 제20권 제1호, 2012, pp. 36~41

○ 사데풀 luteolin glycosides의 고속액체크로마토그래피정량 및 검증과 아질산과산화염 소거활성, Nugroho Agung, 김명회, 이찬미, 최재수, 이상현, 박희준, 한국생약학회지 제18권 제1호, 2012, pp. 39~46

○ 엉겅퀴 추출물의 기능 성분 분석 및 TGF-beta에 의한 간 성상 세포 활성 억제 효과, 김선영 외 8, 한국생약학회지 제44권 제2호, 2013, pp. 110~117

○ Ferric Chloride로 유도된 렛트경동맥 손상 및 혈전에 대한 수용성엉겅

퀴 잎 추출물의 혈행개선효과, 강현주 외 6, 한국생약학회지 제44권 제
2호, 2013, pp. 131~137

○ 엉겅퀴 잎 수용성 추출물의 콜라겐 유도 관절염 억제효과, 강현주 외 6,
동의생리병리학회지 제27권 제4호, 2013, pp. 416~421

○ 지칭개에서 분리한 Hemistepsin A와 B의 비듬균에 대한 항균효과, 이
종록, 정대화, 박문기, 한국생물공학회지 제28권 제2호, 2013, pp.
74~79

○ 지역별 국내 자생 엉겅퀴 추출물의 항균 활성, 장미란, 박혜진, 홍은영,
김건희, 한국식품조리과학회지 제30권 제3호, 2014, pp. 278~283

○ 고려엉겅퀴(곤드레)의 영양성분 및 생리활성, 이옥환 외 8, 한국식품영양
과 학회지 제43권 제6호, 2014, pp. 791~798

○ 곤드레 또는 참취를 함유한 빵의 뇌신경 보호효과, 권기한, 임희경, 정미
자, 한국식품영양과학회지 제43권 제6호, 2014, pp. 829~835

○ 동결건조한 고려엉겅퀴분말을 첨가한 생면의 제조조건최적화, 박혜연, 김
병기, 한국산업식품공학회지 제18권 제2호, 2014, pp. 130~139

○ 전처리 방법에 따른 산채 물김치의 품질변화, 이효영, 권혜정, 박아름, 최
병곤, 허남기, 한국조리학회지 제20권 제6호, 2014, pp. 136~146

○ 엉겅퀴 부위별 열수 추출물의 항비만 효과, 윤홍화, 조병옥, 방승주, 심재
석, 장선일, 대한동의생리병리학회지 제29권 제4호, 2015, pp. 322~329

○ 국내에 자생하는 일부 Cirsium속 식물들의 분자유전학적 유연관계 분
석, 배영민, 생명과학회지 제25권 제2호, 2015, pp. 243~248

○ 난소절제 흰쥐에서 엉겅퀴 추출물의 골다공증 보호 효과, 김영옥, 김진
성, 이상원, 조익현, 나세원, 한약작지 제23권 제1호, 2015, pp. 1~7

○ SK-N-SH 신경세포내 항산화 효과와 P38 인산화 억제에 의한 곤드레, 누
룩치 그리고 산마늘의 신경 보호 효과, 정미자, 박용일, 권기한, 한국식
품영양과학회지 제44권 제3호, 2015, pp. 347~355

○ 좁은잎 엉겅퀴 추출물의 산화방지 활성 및 산화적 스트레스에 대한

PC12 세포 보호 효과, 장미란, 김건희, 한국식품과학회지 제48권 제2호, 2016, pp. 172~177

○ 산지별 고려엉겅퀴의 Pectolinarin 함량 및 항산화 활성, 조봉연 외 6, 한국식품위생안전성학회지 제31권 제3호, 2016, pp. 210~215

○ 고려엉겅퀴 주정추출물의 안정성 조사, 이진하 외 7, 한국식품위생안전성학회지 제31권 제4호, 2016, pp. 304~309

○ 엉겅퀴 정유의 화학적 조성 및 수확시기에 따른 주요 화합물 함량 변화, 최향숙, 한국식품영양학회지 제29권 제3호, 2016, pp. 327~334

○ 곤드레 추출물의 최종 당화합물의 생성저해 및 라디칼소거 활성, 김태완, 이재민, 정경한, 김태훈, 한국식품저장유통학회지 제23권 제2호, 2016, pp. 283~289

○ Stemphylium lycopersici에 의한 고려엉겅퀴 점무늬병의 발생, 최효원 외 6, 한국균학회지 제43권 제3호, 2016, pp. 201~205

○ 천연소재 MS-10의 에스트로겐 수용체 조절을 통한 여성건강 증진, 노유헌 외 9, 한국식품 영양과학회지 제45권 제6호, 2016, pp. 903~910

○ 엉겅퀴의 항산화활성 및 손상된 흰쥐간세포(BNL CL.2)에 대한 간 보호효과, 김선정 외 3, 한국생명과학회지 제27권 제4호, 2017, pp. 442~449

○ 수확시기별 고려엉겅퀴 주정추출물의 항산화 및 항비만 활성 비교, 조봉연 외 9, 한국식품 위생안전학회지 제32권 제3호, 2017, pp. 234~242

○ 저장조건에 따른 생물전환 발효고려엉겅퀴 주정추출물의 안정성 조사, 이진하 외 7, 한국식품영양학회지 제30권 제2호, 2017, pp. 388~394

○ 엉겅퀴 발효 추출물을 통한 남성 갱년기 증상 개선 효과, 정병서, 김성훈, 김현표, 한국식품영양학회지 제46권 제7호, 2017, pp. 790~800

○ 고려엉겅퀴 주정 추출물을 함유하는 임상시험제품의 항비만 활성 평가, 조봉연 외 9, 한국식품위생안전성학회지 제33권 제5호, 2018, pp. 389~398

○ 고려엉겅퀴로부터 폴리페놀과 플라보노이드 염기 열수추출 조건 최적화,

정현진 외 4, 공학기술논문회지 제11권 제2호, 2018, pp. 95~99

○ 흰무늬엉겅퀴 열매 추출물의 자외선에 대한 피부 보호 효과, 김대현 외 5, 대한화장품학회지 제45권 제2호, 2019, pp. 209~216

○ 표준화된 고려엉겅퀴 추출물의 아질산염 소거능 및 항염증효과, 권희연 외 7, 한국식품저장유통학회지 제26권 제3호, 2019, pp. 343~349

학위자료

○ 정지형, 조뱅이(cirsium segetum(Bunge)Kitamura)의 Flavone glycoside에 관한 연구, 서울대학교 석사학위논문, 1983

○ 박시경, 지느러미엉겅퀴(Carduus crispus L.)의 항당뇨활성 및 성분 연구, 성균관대학교 박사학위논문, 2002

○ 최광율, 자생뻐꾹채 분포와 재배에 관한 연구, 중앙대학교 박사학위논문, 2004

○ 정성남, Silibinin에 의한 혈관 내피 ECV 304 세포고사의 유발 기전, 전남대학교 박사학위논문, 2005

○ 이성현, 고려엉겅퀴의 항산화 및 간 보호활성과 Syringin의 분리, 강원대학교 석사학위논문, 2008

○ 가선오, 3T₃-L₁전구지방세포에서 lnsig 신호전달체계를 통한 Silibinin의 지방생성감소 효과, 전북대학교 석사학위논문, 2009

○ 이정은, 대장암에 대한 Silibinin과 방사선 병합치료의 효과, 서울과학기술대학교 석사학위논문, 2010

○ 김동만, 엉겅퀴의 활성성분 및 생리활성 연구, 건국대학교 박사학위논문, 2011

○ 허선정, 고려엉겅퀴의 멜라닌 생성에 미치는 영향, 중앙대학교 박사학위논문, 2012

○ 유성광, 엉겅퀴로부터 분리한 아피게닌의 과산화수소-유발 고환 세포독성 방어 효과, 건국대학교 석사학위논문, 2012

○ 오세준, ERK1/2-Bim 신호전달기전을 표적으로 한 Silymarin의 새로운 타액선 종양치료 대안에 관한 연구, 전북대학교 박사학위논문, 2015

○ 박은비, NGS를 이용한 고려엉겅퀴의소포체스트레스 전후 비교 전사체연구, 순천향대학교 석사학위논문, 2016

○ 김문준, 엉겅퀴 뿌리의 성분 및 효능, 충북대학교 석사학위논문, 2017

기타자료

○ 엉겅퀴가 실험동물에서 에탄올로 투여한 간과 혈청 지질대사에 미치는 영향, 오영범, 정명은, 남상명, 강일준, 정차권, 한국영양학회춘계연합학술대회발표자료, 2001

○ GC-MS를 이용한 엉겅퀴(Cirsium japonicum)의 휘발성 향기성분분석, 최향숙, 한국식품조리과학회 학술발표자료, 2012

○ 지칭개의 Phytase 활성 검정, 신필선, 윤진석, 김재현, 구자정, 박광우, 한국자원식물학회 학술발표자료, 2012

○ 소면적 재배작물 고려엉겅퀴 중 Acetamiprid 및 Sulfoxaflor의 잔류 특성, 박정은, 황은진, 장희자, 한국환경농학회 학술발표자료, 2016

○ 곤드레(고려엉겅퀴)의 미백효과와 유효성분 전환, 이설림, 이다혜, 김진철, 엄병헌, 김수남, 한국자원식물학회 학술발표자료, 2016

○ hplc-ms/ms를 이용한 고려엉겅퀴 중 spirotetramat 및 대사산물의 잔류 특성 연구, 김나윤, 장희라, 한국농약과학회 학술발표자료, 2016

○ 야생정영엉겅퀴 재배기술 및 가공식품개발, 정일화, 농촌진흥청, 2007, pp. 1~15

○ 가시엉겅퀴 재배체계 확립 및 가공이용 상품화 연구, 김창수, 전라북도농

업기술원, 2015

○ 당뇨병 치료제 조성물, 조의환, 정순간, 박시경, 김현태, 김현종, 삼진제약
  (주), 2005

○ 고려엉겅퀴 추출물을 주요 활성성분으로 함유하는 피부 외용제 조성물,
  심관섭, 이범천, 김진화, 표형배, 한불화장품주식회사, 2007

○ 폴리아세틸렌계 화합물 또는 이를 포함하는 엉겅퀴 뿌리추출물을 함유
  하는 식물성 방제용 조성물 및 이를 이용한 식물병 방제방법, 김진철,
  최경자, 최용호, 장경수, 조광연, 한국화학연구원, 2008

○ 엉겅퀴 또는 약용식물을 맥반석 혼합하여 덖음차 제조방법, 장복현, 장홍
  일, 한국산업기술진흥원, 2009

○ 토종엉겅퀴로부터 약리활성물질을 추출하는 방법 및 이를이용한 기능성
  제품, 박화식, 강기운, 임정아, 박세은, 박가은, 전라남도, 2011